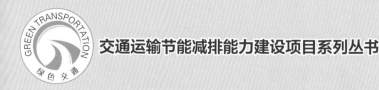

交通运输节能减排能力建设项目系列丛书

U0269509

JIAOTONG YUNSHU JIANTAN JISHU
LUJING ZHENGCE YANJIU YU SHIJIAN

交通运输减碳技术
路径政策研究与实践

董　静　刘　芳　陈建营◎主　编

人民交通出版社

北京

内 容 提 要

本书在对交通运输节能减排专项资金支持项目长期跟踪的基础上,从技术清单识别、减碳能力评估、资金政策设计 3 个方面,对交通运输减碳技术路径进行系统研究,并通过构建管理平台,对减碳路径进行集成展现。本书基于 1800 多个项目的实践数据,全面系统地开展了评估工作,综合研判交通运输重点减碳技术路径应用前景,提出有关的推广建议。

本书可为从事或关注公路水路交通运输减碳的管理人员、技术人员和研究人员提供参考。

图书在版编目(CIP)数据

交通运输减碳技术路径政策研究与实践/董静,刘芳,陈建营主编.—北京:人民交通出版社股份有限公司,2024.8.—(交通运输节能减排能力建设项目系列丛书).
ISBN 978-7-114-19645-4

Ⅰ. X511.081

中国国家版本馆 CIP 数据核字第 2024RH1999 号

书　　　名:	**交通运输减碳技术路径政策研究与实践**
著 作 者:	董　静　刘　芳　陈建营
责任编辑:	崔　建
责任校对:	赵媛媛
责任印制:	刘高彤
出版发行:	人民交通出版社
地　　址:	(100011)北京市朝阳区安定门外外馆斜街 3 号
网　　址:	http://www.ccpcl.com.cn
销售电话:	(010)59757973
总 经 销:	人民交通出版社发行部
经　　销:	各地新华书店
印　　刷:	北京市密东印刷有限公司
开　　本:	720×960　1/16
印　　张:	17.25
字　　数:	241 千
版　　次:	2024 年 8 月　第 1 版
印　　次:	2024 年 8 月　第 1 次印刷
书　　号:	ISBN 978-7-114-19645-4
定　　价:	98.00 元

(有印刷、装订质量问题的图书,由本社负责调换)

前言

　　实现碳达峰碳中和，是以习近平同志为核心的党中央经过深思熟虑作出的重大战略决策，是着力解决资源环境约束突出问题、实现中华民族永续发展的必然选择，也是构建人类命运共同体的庄严承诺。党的二十大报告中提出"积极稳妥推进碳达峰碳中和"，各地区各部门各行业高度重视，将应对气候变化作为推进生态文明建设、实现高质量发展的重要抓手，持续推动绿色低碳发展。交通运输是国民经济中基础性、先导性、战略性产业和重要的服务性行业，也是控制碳排放的重要领域之一。交通运输行业碳排放量约占全社会碳排放总量的10%，做好交通运输减碳工作，对于实现碳达峰碳中和目标（简称"双碳"目标）具有重要意义。

　　早在2011年，交通运输部已前瞻性地设立了交通运输节能减排专项资金，重点用于支持公路水路交通运输行业推广应用节能减排新机制、新技术、新工艺、新产品的开发和应用。面对交通运输行业绿色低碳发展和研究刚刚起步的局面，为了安全、规范地使用专项资金，科学、有效地支持减碳项目，编写组围绕政策、技术和方法开展了大量的开创性工作，以破解行业应该推广哪些减碳技术、如何科学评价减碳效果、如何构建政策保障体系等问题。因此，本书不仅是立足当前形势要求，系统回顾总结交通运输节能减排专项资金设立十多年来的创新性成果和实践经验，更是着眼"双碳"目标，为行业绿色低碳发展提供的破解方案。

　　本书共分8章。第1章概述，对交通运输减碳技术内涵、国内外研究现状等进行分析。第2章交通运输减碳技术清单识别研究，基于多变量综合评价法，构建了交通运输减碳技术评价指标体系，提出了全面覆盖公路水路交通运输领域的减碳技术清单，明晰了交通运输绿色低碳发展的技术路径。第3章交通运输技术减碳能力评估研究，创建了多路径交通运输减碳技术能力评估方法体系,研究提出交通运输减碳的减量技术、替代技术、增效技术、循环技术,构建了4类技术路径减碳能力评估模型和66项技术减碳量核算方法。第4章交通运输技术减碳资金政策设计研究,基于委托-代理理论,从管理政策、奖补政策和评价政策3个维度构建了资金管理和项目运行的新模式,提出了交通运输技术减碳资金政策体系。第5章交通运输碳排放管理平台构建研究,创建了交通运输全领域碳排放核算预测模型,提出了交通运输技术碳排放路径设计参数的量化方法,研发了集监测、核算、预测及效果评估于一体的交通运输碳排放管理平台,实现了不同路径的碳减排效果评估及优化等功能。第6章交通运输减碳技术路径应用实践,选取交通运输节能减排专项资金支持的某一绿色交通省区域性项目作为案例,对研究提出的交通运输减碳技术路径进行验证。第7章交通运输减碳技术路径后评价及展望,基于1800多个项目实践数据进行后评估,预判交通运输重点减碳技术路径应用前景,提出推广建议。第8章经济社会效益,总结了依托减碳技术清单、减碳能力评估方法、资金政策体系、碳排放核算预测模型等成果产生的经济社会效益等。

本书是"交通运输节能减排能力建设项目系列丛书"之一,在编写和出版过程中,一直得到了交通运输部节能减排主管部门的大力支持和指导,得到了交通运输部公路科学研究院、中国交通建设集团有限公司等单位专家的大力支持,对此我们表示深深的谢意。在本书的编写过程中,同时参考了一些国内外专家学者们的研究成果。在本书出版发行之际,谨对为本书的出版提供各种帮助的专家学者、同事朋友及有关人员表示我们衷心的谢意,向引用的参考文献的作者表示我们衷心的谢意,向人民交通出版社的同志们表示感谢。

由于本书内容涉及交通运输减碳领域中多个方面,加之编写组学识、文笔水平有限,难免出现错误、纰漏,故请读者赐教指正,助其尽善。

编写组

2024年6月

目录

MULU

1　概述

1.1 背 景

2021年,《中共中央 国务院关于完整准确全面贯彻新发展理念做好碳达峰碳中和工作的意见》印发,擘画了我国未来40年发展目标蓝图。交通运输是国民经济和社会发展的基础性、先导性产业和服务性行业,同时也是国家能源消费特别是石油消费的重点领域。面对日益严峻的能源资源约束和环境压力,交通运输行业继往开来,积极落实国家战略,践行节约型社会、资源节约环境友好型社会、可持续发展、生态文明等发展理念,持续推进交通运输节能降碳绿色发展,取得了积极成效。目前,我国已经形成交通运输碳排放强度不断下降,交通运输行业全方位、全地域、全过程推进绿色发展的新局面,迈入由交通大国跨向交通强国的新时代。在这一历史进程中,编写组开展了一系列节能减排研究课题,持续探索交通运输节能降碳新路径,结合交通运输部节能减排专项资金奖补管理工作,在实践应用中不断总结和完善,获得了技术清单识别技术、减碳能力评估方法、减碳资金政策设计和碳排放管理平台构建等诸多创新性研究成果。

交通运输行业减碳技术主要经历了三个阶段。

1)第一阶段:研究探索期(2005—2010年)

1984年,交通部在运输市场领域实施"有河大家走船、有路大家走车"、在公路建设领域实施"收费还贷"、在港口管理领域实施下放地方管理的改革开放政策,极大促进了我国交通运输行业的快速发展。但与此同时,中国交通运输行业也出现了资源被无序利用、生态环境遭到严重破坏等资源和环境形势日益严峻的问题。

随着我国"建设资源节约型、环境友好型社会"这一重大战略决策的提出,自2005年开始,交通部组织开展了"节约型交通行业发展战略研究""资源节约型、环境友好型发展模式研究""交通行业节能中长期规划"等课题研究,并印发了《交通部关于印发建设节约型交通指导意见的通知》(交规划发〔2006〕140号)、《交通运输部关于印发资源节约型环境友好型公路水路交通发展政策的通知》(交科教发〔2009〕80号)、《关于印发公路水路交通节能中长期规划纲要的通知》(交规划发〔2008〕331号),明确了资源节约、环境友好交通发展的使命、方式和主要政策,并从结构性、管理性、技术性节能三方面分析了我国公路、水路、港口生产的节能影响因子,提出了公路、水路、港口领域的调整结构、技术推广和加强管理具体举措。

2010年,交通运输部组织开展的《公路水路交通运输节能减排"十二五"规划研究》明确了技术降碳的思想,将技术性节能放到突出的位置,规划了节能型交通基础设施网络、节能环保型交通运输装备、节能高效运输组织三大体系建设,提出了推广使用节能与新能源车辆等近20项具体减碳技术,明确了"十二五"期间重点推广实施的技术方向。自此,交通运输技术减碳的理念和方向初步形成。

2)第二阶段:创新发展期(2011—2020年)

为了更好地推动交通运输节能减排实践,2011年中央财政从一般预算资金(含车辆购置税交通专项资金)中安排专项资金用于支持公路水路交通运输节能减排项目实施,重点用于支持公路水路交通运输行业推广应用节能减排新机制、新技术、新工艺、新产品的开发和应用,确保完成国家公路水路交通运输节能减排规划安排的重点任务和重点工程。同时,交通运输部批复成立交通运输部科学研究院交通运输节能减排项目管理中心(简称"项目管理中心"),负责交通运输节能减排项目立项、初审和验收,以及年度项目计划的编制工作等。在项目实施和执行专项资金奖补工作过程中,项目管理中心组织编写组开展了系列研究工作,在保障交通运输节能减排专项资金奖补工作顺利实施的同时,形成了系列创新性研究成果。主要工作和研究脉络如下:

2011 年上半年,经国务院批准,中央财政设立交通运输节能减排专项资金。编写组围绕如何管理专项资金、资金优先支持什么技术、支持的标准等关键问题和配套的技术文件开展研究,研究成果支撑了财政部、交通运输部编制印发《交通运输节能减排专项资金管理暂行办法》(财建〔2011〕374 号)和《交通运输节能减排专项资金申请指南(2011 年度)》(厅政法字〔2011〕137 号),编制了《2011 年度交通运输节能减排专项资金支持项目节能减排量及投资额核算方法的意见(试行)》,确定了隧道、服务区和收费站节能照明项目节能量核算方法等 10 类技术的节能减排量及节能减排投资额的核算方法,支撑了 2011 年 122 个一般项目的"以奖代补"核算与奖励工作。2011 年下半年,在财政部、交通运输部领导下,编写组开展了广泛调研和分析研究,结合政府部门、企事业单位和科研机构反馈的意见和 2011 年奖补项目的绩效评估结论,优化了 2012 年度资金优先支持技术清单,印发《交通运输节能减排专项资金申请指南(2012 年度)》(厅政法字〔2011〕292 号)。

2012 年初,在前期研究和调研基础上,编写组提出了开展交通运输节能减排区域性主题性节能减排项目试点和交通运输节能减排能力建设项目研究的构想和引入第三方审核机构的意见,进行了项目管理和奖补政策的设计,支撑财政部、交通运输部编制印发《交通运输节能减排专项资金支持区域性、主题性项目实施细则(试行)》(厅财字〔2012〕251 号)、《交通运输节能减排能力建设项目管理办法(试行)》(厅政法字〔2012〕252 号)、《交通运输节能减排第三方审核机构认定暂行办法》(厅政法字〔2012〕259)和《交通运输节能减排专项资金申请指南(2013 年度)》(厅政法字〔2012〕245 号)等文件。至此,一般项目、区域性主题性项目、能力建设项目的管理制度架构和政府机关、管理中心、第三方机构、专家团队、企事业单位等共同参与运行的体制机制初步建立。

2013 年,一般项目、区域性主题性项目、能力建设项目并行推进,并进一步扩大了区域性主题性项目和能力建设项目范围和规模,一批绿色交通城市区域性项目和绿色公路、绿色港口主题性项目形成。

2014—2015 年,区域性主题性项目全面推进,绿色交通省、绿色交通城市、绿色公路、绿色港口、天然气车船、营运船舶与施工船舶等区域性主题性项目类别形成。特别是开展以省级行政区为范围的区域性试点工作,将节能降碳技术应用和奖补资金提高到新水平,体现出规模化效益。在此过程中,编写组研究了各类区域性主题性实施方案编制指南和评价指标体系等技术性文件,支撑了项目的顺利实施。

2016—2020 年,区域性主题性项目经过了 3 ~ 4 年实施期,逐步进入考核验收阶段。编写组开展了评价政策的研究,编制了考核等级评定方法和考核验收程序文件,支撑了交通运输部编制印发《关于开展区域性主题性交通运输节能减排项目 2017—2019 年考核工作的通知》(交办规划函〔2017〕959 号)。同期开展了靠港船舶使用岸电项目的专项奖励补助工作,支撑交通运输部编制印发《靠港船舶使用岸电 2016—2018 年度项目奖励资金申请指南》(交规划函〔2017〕100 号)。

在以上工作和研究过程中,编写组形成了技术清单识别技术、减碳能力评估方法、减碳资金政策设计和碳排放管理平台构建等方面的系列创新性成果。在交通运输节能减排资金引导支持下,通过了 1202 个项目实践验证,包括 776 个一般性项目、4 个绿色交通省项目、27 个绿色交通城市项目、20 个绿色公路项目、11 个绿色港口项目、59 个绿色交通装备(天然气车船)项目、10 个营运(施工)船舶节能技术改造项目、69 个节能减排能力建设项目和 226 个靠港船舶使用岸电项目。中央财政投入资金 54.3 亿元,实现引导社会投资 2008.54 亿元,产生年节能能力 274.28 万 t,年替代燃油量 1166.88 万 t,年减少二氧化碳排放 1328.62 万 t,形成了一批行业节能减排政策标准制度,建成了一批绿色交通项目,显著推动了交通运输行业节能减排科技创新和行业技术进步,促进了运输结构、用能结构、运力结构优化,推进了交通运输行业管理现代化,带动了战略性新兴产业发展,更好地满足了广大人民绿色出行需要,引领全国绿色低碳交通发展。

3)第三阶段:加速推广期(2021年至今)

2021年,国务院印发《2030年前碳达峰行动方案》(国发〔2021〕23号),提出到2025年,非化石能源消费比重达到20%左右,单位国内生产总值二氧化碳排放比2020年下降18%;到2030年,非化石能源消费比重达到25%左右,单位国内生产总值二氧化碳排放比2005年下降65%以上,顺利实现2030年前碳达峰目标。我国生态文明建设进入以降碳为重点战略方向,推动减污降碳协同增效,促进经济社会发展全面绿色转型,实现生态环境质量改善由量变到质变的关键时期。交通运输进入加快建设交通强国、推动交通运输高质量发展的新阶段。《交通运输部等贯彻落实〈中共中央 国务院关于完整准确全面贯彻新发展理念 做好碳达峰碳中和工作的意见〉的实施意见》(交规划发〔2022〕56号)等政策文件均对交通运输行业碳排放增速和强度提出了明确的目标。助力如期实现国家碳达峰碳中和("双碳")目标,成为新阶段交通运输绿色发展的主要任务。

编写组面向"双碳"目标,思考交通运输减碳主导技术的演变,构建了碳排放管理平台,并开展了交通运输减碳技术路径后评价及展望研究,研究认为交通运输行业经过近10年的节能减碳技术的应用实践,已逐渐从减量技术为主导的应用实践向以替代和增效技术为主导的阶段过渡。以新能源和清洁能源广泛应用、岸电技术为代表的能源替代技术,以公共自行车、电动车为代表的出行方式转变,以现代统计监测技术和自动化码头技术为代表的智能交通技术将成为新阶段交通运输行业减碳的主攻手。加速推广应用关键减碳技术将推动交通运输行业绿色发展由量变到质变,成为实现国家"双碳"目标和交通强国战略目标的关键。

1.2 交通运输减碳技术的内涵

本节首先从绿色发展、节能减排、减碳三个概念入手,再对减碳的基本路径进行分析,逐层深入,最后提出交通运输减碳技术的内涵。

1.2.1 绿色发展、节能减排、减碳的概念

1)绿色发展

绿色理论的提出源自 1962 年美国人卡逊发表的《寂静的春天》,距今已有 60 多年历史。在我国,绿色发展理念于 2015 年 10 月 26—29 日中国共产党第十八届中央委员会第五次全体会议上首次提出。《中华人民共和国国民经济和社会发展第十三个五年规划纲要》中,绿色发展首次作为新发展理念之一被纳入并系统化。可以说,绿色发展是将生态文明建设融入经济、政治、文化、社会建设各方面和全过程的全新发展理念。绿色发展与可持续发展在思想上是一脉相承的,既是对可持续发展的继承,也是可持续发展中国化的理论创新,更是中国特色社会主义应对全球生态环境恶化客观现实的重大理论贡献,符合历史潮流的演进规律。

所谓"绿色发展",是以奉行环境友好型的生产方式和生活方式为特征的发展方式,通过推行清洁生产和绿色消费模式,加强环境保护和生态修复与建设,推动经济社会绿色发展,重点是解决发展中产生的环境污染和生态损坏等问题。绿色发展理念以人与自然和谐为价值取向,以绿色低碳循环为主要原则,以生态文明建设为基本抓手。绿色发展涵盖了节能降碳、生态保护、污染防治、资源循环等内容,可以看作是绿色、循环、低碳发展的简单形象的代名词。从内涵看,绿色发展是在传统发展基础上的一种模式创新,是建立在生态环境容量和资源承载力的约束条件下,将环境保护作为实现

可持续发展重要支柱的一种新型发展模式。

习近平总书记指出："绿色发展，就其要义来讲，是要解决好人与自然和谐共生问题。人类发展活动必须尊重自然、顺应自然、保护自然，否则就会遭到大自然的报复，这个规律谁也无法抗拒。"❶绿色发展理念的提出，体现了以人民为中心的发展思想，在尊重东西方文明的基础上，丰富和发展了马克思主义生态文明观，是当今马克思主义与中国历史智慧及当前中国实际相结合的理论创新，为我国未来发展指明了方向。绿色发展理念既有着深厚的历史文化渊源，又科学把握了时代发展的新趋势，体现了历史智慧与现代文明的交融，对建设美丽中国、实现中华民族伟大复兴的中国梦具有重大的理论意义和现实意义。

2）节能减排

"节能减排"出自《中华人民共和国国民经济和社会发展第十一个五年规划纲要》，是指节约能源、降低能源消耗、减少污染物排放，有广义和狭义之分。广义而言，节能减排是指节约物质资源和能量资源，减少废弃物和环境有害物[包括三废（废水、废气、废渣）和噪声等]排放；狭义而言，节能减排是指节约能源和减少环境有害物排放。

《中华人民共和国节约能源法》将节能定义为：加强用能管理，采取技术上可行、经济上合理以及环境和社会可以承受的措施，从能源生产到消费的各个环节，降低消耗、减少损失和污染物排放、制止浪费，有效、合理地利用能源。狭义地讲，节能是指节约煤炭、石油、电力、天然气等能源。从节约石化能源的角度来讲，节能和降低碳排放是息息相关的。广义地讲，节能是指除狭义节能内容之外的节能方法，如节约原材料消耗、提高产品质量和劳动生产率、减少人力消耗、提高能源利用效率等。节能包括结构节能、技术节

---

❶ 出自《在省部级主要领导干部学习贯彻党的十八届五中全会精神专题研讨班上的讲话》（2016年1月18日），人民出版社单行本，第16页。

能和管理节能三大路径。

减排,狭义地讲,指节约能源和减少环境有害物排放;广义地讲,指节约物质资源和能量资源,减少废弃物和环境有害物排放。减排的具体定义是指能够减少资源投入和单位产出排放量的技术变革和替代方式。其中,大部分社会的、经济的和技术的政策,能够减少同气候变化有关的温室气体排放。

3)减碳

所谓减碳,是随着全球应对气候变化的要求不断提高而提出的,是指把石油中的高碳物质(含碳原子数多的物质)转化成低碳物质(如乙烷、辛烷等)的过程。减碳也指节能减碳,节约物质资源和能量资源,减少温室气体排放。采取技术上可行、经济上合理以及环境和社会可以承受的措施,从能源生产到消费的各个环节,降低消耗,减少损失和温室气体排放,制止浪费,有效、合理地利用能源。温室气体包括大气中的二氧化碳(CO_2)、水蒸气、甲烷(CH_4)、氧化二氮(N_2O)、氯氟烃($CFCs$)和臭氧(O_3)等气体。其中,CO_2含量的提高与温室效应的增强关系最为密切。科学家研究发现,大气中CO_2的浓度翻一番,地球平均温度就会上升2.5℃。

2020年9月22日,国家主席习近平在第七十五届联合国大会一般性辩论上向全世界郑重宣布——"中国二氧化碳排放力争于2030年前达到峰值,努力争取2060年前实现碳中和"❶。2021年,中共中央、国务院出台《关于完整准确全面贯彻新发展理念 做好碳达峰碳中和工作的意见》,国务院印发《2030年前碳达峰行动方案》(国发〔2021〕23号),将减少CO_2排放的要求提升至一个新的高度。未来一段时期,减碳即减少CO_2排放将成为我国经济社会及各行业各领域发展中需要关注的一个重要问题。正如习近平总书记所强调的,"绿色低碳发展是经济社会发展全面转型的复杂工程和长

❶ 出自《人民日报》(2020年09月23日01版)。

期任务。实现碳达峰碳中和目标要坚定不移,但不可能毕其功于一役,要坚持稳中求进,逐步实现"❶。我们必须坚持统筹兼顾原则,推进经济社会发展实现全面绿色转型。

图1-1所示为绿色发展、节能减排、减碳的关系示意图。

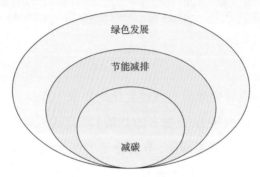

图1-1 绿色发展、节能减排、减碳的关系示意图

1.2.2 减碳的基本路径

与节能的实现路径类似,减碳同样可以通过结构调整、技术进步和管理提升等手段实现。所谓结构减碳,主要是指节约由于经济结构(产业、产品等)不合理所产生的 CO_2 排放,一般较难扭转,但是一旦实现结构优化调整,减碳效果巨大,如以新代旧、开展高能效高附加值的产业项目、主动淘汰落后产能等。所谓技术减碳,主要是指通过采取推广应用新技术、新工艺、新设备、新产品、新材料,或开展技术升级改造等方式,实现的 CO_2 排放减少。所谓管理减碳,主要是指通过加强能源利用各个环节的管理来实现减碳的目的。

图1-2所示为减碳的基本路径。

用以实现减碳技术目的的技术,称为减碳技术,即指通过减少资源投入或单位产出碳排放量的技术变革和替代等方式,达到减少 CO_2 排放目的的

❶ 出自《人民日报》(2022年05月16日01版)。

技术手段。具体包括：产生能源节约效果而减少碳排放的技术，如节能减排新技术、新材料、新工艺和新装备设施应用或相关技术改造升级；新能源和清洁能源替代技术，如电能、太阳能和风能等可再生能源、液化天然气（Liquefied Natural Gas，LNG）等的推广应用；资源集约节约利用技术，如废旧材料循环利用；能够提升运行效率的信息化技术，以及碳汇和碳捕集等碳中和技术等。

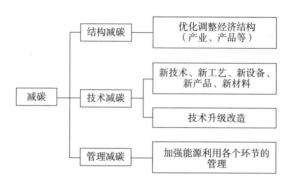

图 1-2　减碳的基本路径

用于加快减碳技术推广、促进减碳技术应用的政策，称为减碳政策，即减少温室气体排放和增加碳汇的所有可执行的政策。具体包括：管理政策，如规划、制度、标准、规范等政策文件；奖补政策，如奖励资金、补贴等资金激励政策；评价政策，如对某一区域、某类项目或某类政策的实施效果进行评价的考核办法、评价指标等。

1.2.3　交通运输减碳技术

交通运输是经济发展的基本需要和先决条件、现代社会的生存基础和文明标志、社会经济的基础设施和重要纽带、现代工业的先驱和国民经济的先行部门。在第二届联合国全球可持续交通大会上，习近平总书记发表主旨讲话,又赋予交通运输"中国现代化的开路先锋"的历史使命❶。交通运输包括铁路、公路、水路及航空运输基础设施的布局及修建、载运工具运用、交通信息工程及控制、交通运输经营和管理等领域。

交通运输是三大主要"碳源"之一,国际能源署(IEA)数据显示,交通运输行业 CO_2 排放量约占全球 CO_2 排放量的25%。一直以来,技术减碳在促进交通运输领域绿色低碳发展、实现减碳目标进程中发挥了重要作用。交通运输技术减碳与管理减碳、结构减碳并不是完全割裂的。新能源和可再生能源、新型运输装备等减碳技术的应用会带来能源结构和运输结构的优化调整,信息化、智慧化技术的应用会促进交通运输管理效率的提高。三者之间既相互联系,又各有侧重(图1-3)。

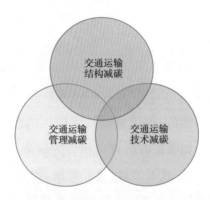

图1-3　交通运输技术减碳与管理减碳、结构减碳关系示意图

采用先进的技术手段减少交通运输生产生活中直接排放的温室气体(CO_2),称为直接减碳。如通过减少基础设施建设运营、运输等环节所消耗的煤、油、电、天然气等能源,或通过新能源和可再生能源进行替代,直接减少 CO_2 排放。也就是说,在满足相同需要或达到相同目的的条件下,减少直接碳排放,就是直接减碳。

---

❶　出自《人民日报》(2021年10月15日01版)。

采取技术措施,通过节约与交通运输基础设施建设、运营养护到运输相关的各个环节中任何一种人力、物力、财力、运力等,所减少的 CO_2 排放,叫作间接减碳。它包括直接减碳以外,基础设施建设和运输装备制造过程中必须消耗的原材料、水、土地,以及原材料、能源的加工和运输过程减少的 CO_2 排放。对于整个经济社会系统的减碳能力而言,直接减碳仅占1/3,间接减碳占2/3。因此,从国家碳达峰碳中和的总目标总要求来说,交通运输领域未来必须大力开展间接减碳工作,从根本上解决能源、资源的浪费问题。只有这样才能支撑国家"双碳"目标的实现。

因此,可将交通运输减碳技术界定为:在交通运输基础设施建设、运营和养护,以及运输工具和设备设施等领域,通过推广应用交通运输新技术、新工艺、新设备、新产品、新材料,或者开展技术升级改造等,使化石能源消耗量减少、实现新能源和清洁能源替代、提高运行效率提升能效,以及循环集约节约利用资源材料等,或直接采用碳捕存和利用技术(Carbon Capture, Utilization and Storage, CCUS)、碳汇林等零碳负碳技术,减少交通运输领域碳排放的低碳发展方式,其范围如图1-4所示。

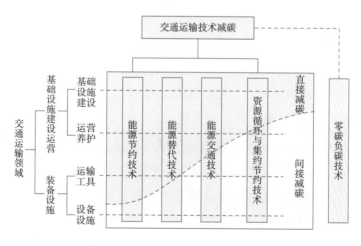

图1-4 交通运输减碳技术内涵示意图

1.3 国内外相关研究综述

本书对国内外交通运输减碳技术、技术减碳能力评估方法、技术减碳资金政策、交通运输碳排放管理平台及交通运输碳排放预测模型 5 个方面进行系统综述，全面总结现有研究基础与不足，以期提出符合国家"双碳"目标的行业减碳技术路径与政策建议。

1.3.1 国内外减碳技术进展与应用

现有文献对国内外交通运输减碳技术进行了大量讨论，主要集中在减碳技术潜力、减碳成本和社会影响的研究分析等方面，关注的重点包括新能源汽车、低碳替代燃料、基础设施建设等技术。这些文献多为针对交通运输行业某一领域的减碳技术进行系统研究，如对道路运输、水路运输、交通基础设施、城市交通等部门减碳技术进行总结。此类研究已具有技术清单雏形，具备一定量的技术信息，但未以规范的清单形式呈现。

道路运输减碳技术研究聚焦于车辆技术、燃料质量、运行效率和交通出行结构，重点关注新能源汽车技术和汽车节能技术，其中多动力类型道路运输装备发展成为减碳技术的关键。水路运输减碳方面，包括：降低船舶柴油机燃油消耗率，利用船舶废热回收系统，采用电力推进，使用燃料电池、LNG等新能源和清洁能源。道路基础设施领域的减碳技术主要分为温拌沥青路面建设技术、废弃物在道路基础设施建设中的再生利用技术、道路可再生能源的收集和利用技术、道路设施运营管理的优化技术和既有路面设施延寿及长寿命路面建设技术 5 个方面。

已有研究成果加深了对交通减碳技术整体进展及交通减碳技术在不同领域布局的认识，但仍存在需要弥补的差距，主要体现在两个方面：一是缺少系统全面的交通运输减碳技术清单框架,相关信息较为分散,难以形成对交通运输减碳技术进展的整体性、动态性认识。二是上述交通运输各领域减碳技术的研究,缺少对技术的识别,未对不同技术需求进行分类,包括适宜于推广的成熟技术、与国际先进水平存在一定差距的研发技术和应用紧迫性相对较弱的前沿技术,未能有效支撑行业减碳技术的长期规划与近期推广。

1.3.2 技术减碳能力评估方法综述

国内外学者对于减碳能力评估方法的研究起步较晚,但是节能能力研究方法相对成熟。在国外,主要基于较为完善的能源数据库,采用自上而下的能源经济模型和自下而上的能源技术模型,对节能能力进行研究。在我国,关于节能能力测算的方法主要有时间序列法、参数对比法、结构演进法和学习曲线法。时间序列法即从预测节能的时间趋势角度出发,要求能够获取大量准确的统计数据。参数对比法是对比研究对象之间的能效差距,从而得到低能效对象节能潜力的方法,包括单要素能源效率参数对比法和全要素能源效率参数对比法。其中,单要素能源效率参数对比法主要通过基于时间趋势或基于横向比较等传统方法,对节能能力进行评估。随着研究深入,近年来学者们开始探索基于全要素能源效率的节能潜力测算方法。结构演进法假设产业结构的升级与变迁是判断区域经济发展价值的主要标志,构建结构演进与能源消费关联模型探究能源消费变化的根本原因,结合区域经济发展态势剖析能源的节约潜力,从整体上揭示国家或地区社会经济发展过程中一次能源消费变化的基本特征。学习曲线法是通过对能源与经济时间序列的分析,提出经济与能源消费的"学习曲线",并基于此理论计算不同经济状态下的节能潜力。

随着应对气候变化要求提高,各国相继提出碳达峰碳中和目标要求,工业、建筑业等行业也开始关注减碳能力研究。沈晓倩(2021)通过曲线工具与自下而上技术,综合评估到 2035 年这一阶段的电力行业碳排放的变化。赵建安等(2012)研究了工业技术节能减碳能力。王燕君等(2021)开展了我国非道路移动源排放清单研究,并对技术减排潜力进行分析。也有少量学者开展了研究方法创新,如韩中合(2016)等基于生产要素之间存在替代或互补关系,运用成本函数理论,建立了一种基于要素价格替代弹性的碳减排能力测算方法。此外,可以采用公路水路交通温室气体量化模型进行评估,模型分为基于能耗统计和基于车辆、船舶实验测试两大类。其中,基于能耗统计模型在交通运输部门的温室气体排放统计中应用较为广泛,主要基于单要素能源效率的节能能力评估,再利用碳排放核算方法,转化为减碳能力评估。因此,为系统、全面评估交通运输技术减碳能力,本书拟综合利用能源技术模型、基于全要素能源效率的参数对比法和碳排放能耗统计模型,构建交通运输技术减碳能力评估方法。

1.3.3　国内外减碳技术资金政策现状

美国、欧盟、日本等发达国家和地区十分重视经济手段在推动节能减排工作中的作用,均通过现金补贴、税收减免、绿色采购、融资扶持等政策支持节能减排。如美国联邦政府、州政府以及电力、天然气公司等的公用事业组织每年均会给予用户大量补贴,鼓励其购买节能产品;欧盟委员会通过为一系列节能降碳的计划方案配套资金预算对节能减排予以支持;日本政府通过列支政府预算支持政策法规制定、能效标准实施以及节能技术开发、示范项目建设等。

我国通过财政预算支持节能减排的政策开始于 2007 年。由于"十一五"期间,我国面临极为严峻的节能形势,国务院印发《国务院关于加强节能工作的决定》(国发〔2006〕28 号)等系列文件,要求各级财政编列预算支持节能减排工作。财政部先后联合国家发展改革委、住房和城乡建设部等分别印发《节能技术改造财政奖励资金管理暂行办法》(财建〔2007〕371

号）、《关于组织申请国家机关办公建筑和大型公共建筑节能监管体系建设补助资金的通知》（财办建〔2010〕28号）等文件，对工业改造、工业产品及大型公共建筑节能体系给予支持，支持的方式包含奖励、以奖代补和补助等。

交通运输领域作为工业、建筑、交通的三大能源消费领域之一，如何通过财政资金引导支持做好节能减排成为亟待解决的问题。在这种背景下，编写组借鉴调查国内外资金政策经验，结合交通运输实际，提出了交通运输节能减排专项资金政策和项目管理模式，填补了交通运输行业的空白。

1.3.4 交通运输碳排放管理平台研究和建设现状

随着经济社会的快速发展和居民生活水平的不断提高，运输需求不断增加，全球碳排放总量呈逐年提高态势。为此，各地相继采取了相关措施，如研发交通运输碳排放管理平台，通过信息化手段和宏观决策，努力实现低碳目标。

从国内情况来看，自"十二五"全面深入推进绿色交通发展以来，全国多地相继开展了交通运输碳排放管理平台建设工作，包括北京、辽宁、江苏、浙江、海南、北京等省级层面以及镇江等地市级层面。具体为通过建设涵盖公路（客货运、公交）、水运等能耗碳排放监管平台，采用数据统计和在线实时监测手段实现全域碳排放测算和监控，应用大数据和测算模型实现数据的自动校核，并依托建立交通运输能耗碳排放统计监测体制机制，保障采集数据全面、真实、可靠。

从国外情况来看，目前部分国家也建立了相应监测平台和体制机制，如美国建立了组织体系、统计指标体系、法规体系，保障交通运输能耗碳排放监测，采用宏观和微观方式实现基础数据采集。宏观层面从美国各州运输委员会、企业等机构获取数据，微观层面从安装的机动车尾气排放仪器中采集相关基础数据，并融入 MOVES 模型（综合移动源排放模型），更加精准地实现碳排放量的测算和预测。为了保障监管效率，美国政府出台了相应的法律法规，美国运输部等机构制定了相应的配套政策，保障具体实施。

1.3.5 国内外交通运输碳排放预测模型研究综述

"双碳"工作中重要的一环是对能耗和碳排放进行预测模型的构建。现阶段预测模型主要分为自上而下、自下而上两类。

自上而下模型以经济学模型为基础，使用能源价格、经济弹性作为主要经济指数，重点体现主要经济指数与能源消费及能源生产间的相互关系。自上而下模型研究方法主要用于宏观性研究，属于宏观经济模拟。该方法不能直接用于测算交通行业能源消耗量，而只适用于在知道基础年的能耗情况和相关影响间的关系时，研究各因素的能源消耗贡献度。典型的自上而下模型包括宏观计量模型、系统动力学模型、CGE 模型等。以 CGE 模型为例，该模型以价格、弹性变量为主要参数，描述了国民经济各部门的相互作用，以及能源消费和经济部门之间的互动关系，被广泛地应用于包括国际贸易、财政政策、税收政策、能源环境、农业等众多领域，是常用的政策影响与评价分析工具，适用于分析能耗与其他经济部门间的互动关系。

自下而上模型以工程技术模型为基础，对能源消费和生产过程中涉及的技术进行模拟和仿真，在此基础上按照能源消费、生产方式进行需求测算以及环境影响分析。自下而上模型的核心是获取交通行驶里程，需要收集各类交通工具的保有量、行驶里程、各种燃料经济性水平(单位燃料消耗)等数据进行测算。

综上所述，自上而下模型能够反映宏观经济因素，更好地体现交通运输部门作为社会经济运行基础的作用。自上而下模型能够把握住能源系统与经济系统之间的相互关系，可对能源系统进行细致入微的描述。

1.4 本书主要内容及技术路线

1.4.1 主要内容

本书通过系统梳理 2011—2020 年交通运输节能减排专项资金使用成果,对交通运输行业十年有关实践经验进行总结提炼,研究构建了交通运输减碳技术路径理论体系,可以为行业和地方绿色低碳转型提供指导方向和基础依据。本书可加速交通运输减碳技术推广,有效支撑交通运输绿色低碳发展目标要求的实现。

本书依托的研究项目依托"十二五"以来交通运输绿色发展和节能减排专项资金项目,在交通运输部软科学项目、交通运输节能减排能力建设项目、中央级公益性科研院所基本科研业务费项目等多项课题研究,以及自筹经费开展相关研究工作的支撑下,自 2012 年开始持续对交通运输减碳技术进行跟踪研究。

本书从交通运输减碳技术的内涵入手,对交通运输减碳技术路径进行系统梳理,研究构建管理平台,集成展现减碳路径,并通过案例研究形式进行验证。最后,通过对大量实际项目和应用数据进行后评价,提出重点交通运输减碳技术应用前景和保障建议。本书提出的减碳技术清单、技术减排路径识别、减碳能力评估方法、减碳资金政策设计、减碳路径应用评估、碳排放管理平台体系构建等系列研究成果,支撑完成了交通运输节能减排专项资金政策优化、专项资金支持项目评审和验收等管理工作。

本书主要针对公路水路交通行业生产环节的碳减排,包括城市交通在内,不包含社会车辆;包括交通运输基础设施的建设和运营,以及运输装备的运管和维护,不含生活环节造成的碳排放;温室气体的种类,主要针对

CO_2 排放,暂不考虑 CH_4、氮氧化物(NO_x)、氟利昂等的排放情况;减碳技术类别,主要针对通过节约化石能源消耗、新能源和清洁能源替代、信息化手段提升运行效率和通过资源集约节约利用带来直接碳减排的技术。由于目前碳中和技术在交通运输领域仍处于研究探索阶段,因此暂未纳入研究范围。

1.4.2　技术路线

本书兼具理论性与应用性,广泛借鉴国内外研究成果,利用定性研究与定量研究相结合的方法,在对交通运输绿色发展和节能减排专项资金支持项目长期跟踪的基础上,对交通运输减碳技术及其技术清单、能力评估、政策设计、管理平台等进行系统研究,通过专家咨询、广泛征求意见等方式不断完善研究成果,并开展案例分析和应用效果的后评估,预判交通运输重点减碳技术路径应用前景,提出相关应用保障建议,为交通运输节能减排主管部门制定政策和开展项目管理工作提供理论基础和决策参考。

本书技术路线图如图 1-5 所示。

1.4.3　主要创新点

本书着眼"十二五"以来交通运输减碳技术的发展,从跨越 10 年的时间维度,对减碳技术清单、技术减排路径识别、减碳能力评估方法、减碳资金政策设计、减碳路径应用评估、碳排放管理平台体系构建等开展系统研究,提出交通运输行业减碳技术和重点技术推广应用的政策建议。研究重点体现理论研究与应用研究的深度结合,其创新之处主要有以下 6 个方面:

(1)首次提出全面覆盖公路水路交通运输领域的减碳技术清单。从国家政策、行业需求和研究创新三个识别源入手,利用多变量综合评价法,构建了评价指标体系,提出包含基础设施建设运营、运输装备、智能交通等 66 项技术减碳能力评估方法,明晰了交通运输绿色低碳发展的技术路径,进一步推动行业减碳技术创新与发展。

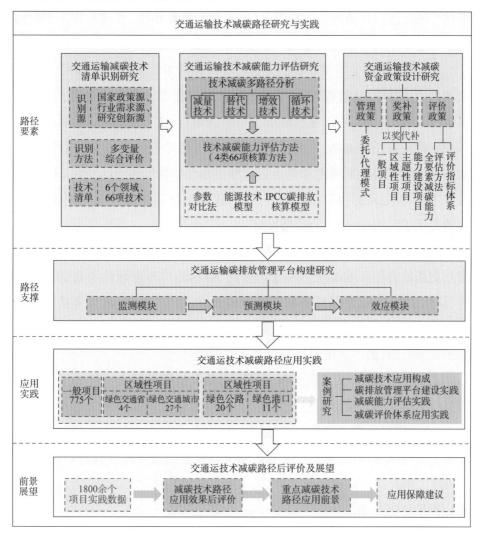

图1-5 本书技术路线图

(2)首次创建了多路径交通运输技术减碳能力评估方法体系。以交通运输减碳技术清单为基础,研究提出交通运输减碳技术的路径分类,即减量技术、替代技术、增效技术、循环技术,并提出4类技术路径的减碳能力评估方法,以及 66 项减碳技术量核算方法,并面向行业发布相关核算技术细则,强化了减碳能力评估方法的科学性、规范性和可操作性,有效支撑了交通运输部和地方交通运输主管部门的节能减碳量化评估工作。

(3)首次构建了国家层面的交通运输减碳技术资金政策体系。以委托-代理理论为基础,从管理政策、奖补政策和评价政策三个维度构建了资金管理体制和运行机制,创新性地提出了交通运输行业"以奖代补"的政策模式和相应的政策评价方法,支撑了《交通运输节能减排专项资金暂行管理办法》《交通运输节能减排专项资金区域性主题性项目实施细则》等政策文件,保障了 54.3 亿元专项资金的奖补工作,促进了行业减碳技术大规模应用,有效带动了约 3500 亿元的社会投资。

(4)开创了技术引领绿色交通发展新模式。创造性地提出绿色交通省、绿色交通城市等区域性项目和绿色公路、绿色港口等主题性项目的示范模式,研究发布了《绿色循环低碳交通运输省份、城市、公路、港口考核评价指标体系》,开创了行业减碳技术集成应用的先河,推动了全行业绿色发展理念的转型升级,加速实现了从理念到实践的跨越。

(5)创新性地研发了集监测、核算、预测及效果评估于一体的交通运输碳排放管理平台。设计了包括监测模块、预测模块和效应模块的平台总体框架,丰富了行业能耗统计监测数据采集手段,创新发展了交通运输全领域碳排放核算预测模型,突破了交通运输减碳技术路径设计参数的量化难题,实现了不同路径的碳减排效果评估、低碳发展路径优化等功能,为行业政策制定提供量化基础。

(6)创新性地开展了交通运输减碳技术路径的后评价。依托 1800 余个项目案例及其实践数据,通过案例研究的形式对减碳技术路径应用实践效果进行验证。面向绿色低碳发展目标要求,采用归纳和演绎等方法,对交通运输减碳技术路径应用现状及潜力前景等进行评价。提出交通运输重点减碳技术应用前景和保障建议,促进交通运输行业绿色低碳转型。

2 交通运输减碳技术清单识别研究

2.1　交通运输减碳技术清单识别源

减碳技术清单研制的方法学是一个系统完备的体系,其中技术信息来源是其重要基础。本研究的技术识别源主要包括国家战略政策要求、行业自身发展需求以及来自文献调研(调研范围包括学术专著、经同行评议的研究报告、国际组织和国际研究机构报告等)的研究创新预判三个方面。通过全面梳理这三类交通运输减碳清单技术来源,按照领域覆盖全面(覆盖公路水路交通运输装备与基础设施等领域)、先进成熟适用(兼具示范性和推广性)和减碳效果可测(具有可量化的减碳效果核算方法)的三项原则对行业减碳技术进行筛选。

2.1.1　国家政策源

交通运输业是目前我国能源消耗量较大的行业之一,也是我国能源消耗增长最快的行业之一。交通运输行业石油消耗总量占全社会石油消耗总量比重逐年增加。根据《能源发展"十二五"规划》《"十二五"国家应对气候变化科技发展专项规划》《中国节能技术政策大纲》等战略政策文件,梳理《国家重点节能技术推广目录》(1~6批)、《国家重点低碳技术推广目录》和工业和信息化部发布的《节能机电设备(产品)推荐目录》等技术目录,汇总形成国家发展战略政策文件对交通运输行业减碳技术的要求,见表2-1。

国家发展战略政策文件中的相关技术汇总　　　　表2-1

技术分类	技术名称	文件来源
公路	温拌沥青在道路建设与养护工程中的应用技术	《国家重点节能技术推广目录》(第2批)

续上表

技术分类	技术名称	文件来源
公路	沥青路面冷再生技术在路面大中修工程中的应用技术	《国家重点节能技术推广目录》(第3批)
	推进路面材料循环利用技术的应用	《交通运输部关于公路水路交通运输行业落实国务院"十二五"节能减排综合性工作方案的实施意见》(交政法发〔2011〕636号)
	推广照明和空调系统节能改造	《中国节能技术政策大纲》
	热泵节能技术	《国家重点节能技术推广目录》(第1批)
	过程能耗管控系统技术	《国家重点节能技术推广目录》(第4批)
	高速公路运营节能技术	《关于公路水路交通运输行业落实国务院"十二五"节能减排综合性工作方案的实施意见》(交政法发〔2011〕636号)
	ETC(Electronic Toll Collection,电子不停车收费)技术	《关于公路水路交通运输行业落实国务院"十二五"节能减排综合性工作方案的实施意见》(交政法发〔2011〕636号);《国家重点节能技术推广目录》(第5批)
	甩挂运输	《关于公路水路交通运输行业落实国务院"十二五"节能减排综合性工作方案的实施意见》
	物流公共信息平台	国务院关于印发《节能减排"十二五"规划的通知》,国务院关于印发实施《国家中长期科学和技术发展规划纲要(2006—2020))若干配套政策的通知(国发〔2006〕6号)

续上表

技术分类	技术名称	文件来源
公路	推广节能驾驶和绿色汽车维修技术	《关于公路水路交通运输行业落实国务院"十二五"节能减排综合性工作方案的实施意见》
	推广使用节能和新能源汽车	《关于公路水路交通运输行业落实国务院"十二五"节能减排综合性工作方案的实施意见》
	汽车混合动力技术	《国家重点节能技术推广目录》(第2批)
	纯电动汽车动力总成系统技术	《国家重点节能技术推广目录》(第2批)
	缸内汽油直喷发动机技术	《国家重点节能技术推广目录》(第3批)
	发动机冷却系统优化节能技术	《国家重点节能技术推广目录》(第5批)
	城市步行、自行车交通系统建设	《节能减排"十二五"规划》(国发〔2012〕40号)
水路	内河船型标准化	《关于公路水路交通运输行业落实国务院"十二五"节能减排综合性工作方案的实施意见》
	优化航路航线	《关于公路水路交通运输行业落实国务院"十二五"节能减排综合性工作方案的实施意见》
	推进远洋运输业节能减排	《关于公路水路交通运输行业落实国务院"十二五"节能减排综合性工作方案的实施意见》

技术分类	技术名称	文件来源
水路	推广使用清洁燃料船舶	《关于公路水路交通运输行业落实国务院"十二五"节能减排综合性工作方案的实施意见》
	船舶轴带无刷双馈交流发电系统技术	《国家重点节能技术推广目录》(第5批)
	水运运力结构调整	《节能减排"十二五"规划》(国发〔2012〕40号); 国家发展改革委科技部关于印发《中国节能技术政策大纲(2006年)的通知》(发改环贸〔2007〕199号)
	船舶运输智能化信息化管理技术	《中国节能技术政策大纲(2006年)的通知》
	船舶能效管理体系	《交通运输部关于印发公路水路交通运输节能减排"十二五"规划的通知》(交政法发〔2011〕315号); 关于印发《建设低碳交通运输体系指导意见》和《建设低碳交通运输体系试点工作方案》的通知(交政法发〔2011〕53号); 交通运输部关于印发《"十二五"水运节能减排总体推进实施方案的通知》(交水发〔2011〕474号)
港口	靠港船舶使用岸电技术	《关于公路水路交通运输行业落实国务院"十二五"节能减排综合性工作方案的实施意见》;《国家重点节能技术推广目录》(第5批)

续上表

技术分类	技术名称	文件来源
港口	新型轮胎式集装箱门式起重机节能技术	《国家重点节能技术推广目录》(第4批)
	轮胎式集装箱门式起重机"油改电"	《关于公路水路交通运输行业落实国务院"十二五"节能减排综合性工作方案的实施意见》;《国家重点节能技术推广目录》(第3批)
	港口码头节能设计和改造	《节能减排"十二五"规划》《关于公路水路交通运输行业落实国务院"十二五"节能减排综合性工作方案的实施意见》
	港口物流信息平台建设	《节能减排"十二五"规划》《国家中长期科技发展规划纲要(2006—2020)》
	有利于提高装卸设备机械效率的节能技术	《中国节能技术政策大纲》
	成品油码头油气回收利用技术	《关于公路水路交通运输行业落实国务院"十二五"节能减排综合性工作方案的实施意见》

2.1.2　行业需求源

为响应党中央、国务院的统一部署,交通运输业在减碳技术方面投入了大量人力物力,并取得了明显效果。交通运输部组织开展了"全国重点推广公路水路交通节能产品(技术)目录"及"交通运输节能减排示范项目评选"等专项活动。交通运输行业减碳技术主要可分为管理类、技术类、产品类、操作类四种。①管理类减碳技术强调管理的作业过程,通过人为的管理手段及运输组织,做好相关部门的能源消耗计划,采用一定的节能措施(如改善运输组织、优化运输线路等),减少能源浪费,杜绝不必要的能源转换和输送,降低运输单耗。②技术类减碳技术主要指通过各种技术手段提高交通运输装备燃料经济性,降低能耗,如通过改造车身形状降低车身阻力、采用先进发动机技术提高热效率等手段,降低车辆油耗,提高车辆燃油经济性。③产品类减碳技术即通过先进的技术开发出新的节能产品来替代以往旧的设备,或通过某些附加产品来提高设备本身的能源利用效率等。比如在驾驶培训行业内广泛应用的驾驶模拟器,通过模拟教学代替实车,达到节能效果;通过新技术开发的机动车润滑油,可以有效保障机动车的技术性能,从而提高机动车发动机的燃烧效率等。④操作类减碳技术即通过培训等方式提高人员的操作水平,从而达到节能目的。比如通过培训提高机动车驾驶人(员)的驾驶技能,从而减少机动车的能源消耗等。

1)全国重点推广公路水路交通运输节能产品(技术)目录

为鼓励企业研发适用于当前车、船应用的先进节能产品,并为道路运输企业选用优秀节能产品提供参考,自"八五"开始,交通运输部在行业内开展了"全国重点推广公路水路交通运输节能产品(技术)目录"推选活动,共推选出100余项在用车船节能产品(技术),由交通运输部组织专家评审和网上公布,同时为节能产品(技术)颁发公路水路交通运输节能产品技术公布证书。

2)交通运输节能减排示范项目

长期以来,部分交通运输企业(单位)通过运力结构调整、运输组织优化、推进现代化管理和应用先进技术(产品)等措施,在节能减排方面进行了大量的探索和实践,取得了良好的效果,积累了丰富的经验。为在行业内推广这些先进经验,推进管理创新、技术创新,全面提高交通行业节能降耗水平,努力实现节能减排总目标,交通部于2007年发布《关于在交通行业开展节能示范活动的通知》(交体法发〔2007〕289号),选择若干交通企业(单位)在节能方面取得的成功经验作为节能示范项目,在行业内全面推广。活动旨在通过宣传推广典型示范项目的成功经验和做法,加快管理创新、技术创新,提高企业经济效益和服务水平,推动交通运输行业节能减排工作的开展。

自 2007 年开始,交通部(2008 年后为交通运输部)每年评选 20 个交通运输节能减排示范项目,5 年共推出 100 个交通运输节能减排示范项目,形成了一个覆盖公路水路交通运输领域较为全面的示范项目体系。5 年 100 个示范项目的推选,极大地提高了交通运输企事业单位开展节能减排工作的积极性。示范项目的推选过程不断优化,影响范围进一步扩大,引领作用逐渐显现。100 个示范项目涉及交通运输行业的 97 个企事业单位,涵盖了"车、船、路、港、航以及城市轨道交通"各个领域。其中,道路运输项目 39 个、船舶运输项目 18 个、公路项目 16 个、港口项目 23 个、航道项目 3 个、城市轨道交通项目 1 个。

2.1.3　研究创新源

国际能源署(IEA)在《世界能源技术展望 2012》中,研究了交通运输行业节能减碳技术,研究主要集中在运输工具的燃料性能改进相关上。联合国环境规划署《迈向绿色经济:实现可持续发展和消除贫困的各种途径》研究报告中,从限制或减少出行的次数、转向更为环保的交通方式、车辆和燃料技术 3 个方面,来建立健康的可持续发展模式。

麦肯锡在《中国的绿色革命:实现能源与环境可持续发展的技术选择》研究报告中,对 20 多项道路运输领域的节能减排技术进行了分析,研究发现:到 2030 年,这些技术将产生约 6 亿 t 的减排潜力,降低 2 亿 ~ 3 亿 t 的柴油和汽油需求。

我国国家发展和改革委员会能源研究所发表的《中国二氧化碳减排技术潜力和成本研究》提出基于结构性节能减排的技术措施,具体包括:

(1)调整运输能源结构:新能源的合理推广使用。其包括电动汽车(含插电式电动汽车和增程式混合动力电动汽车)、替代燃料汽车(天然气汽车、甲醇燃料、乙醇燃料、二代生物柴油等)等。

(2)调整运输需求结构:引导使用节能的承运方式。在公路运输中,大力发展公共交通,提高公交出行分担率。同时,不断提高铁路和水运在货运中的比例,降低公路货运比例,严格控制航空旅客承载比例。

(3)调整运输消费结构:各部门内承载方式的优化。在铁路子部门中,提高电气化率铁路的比例;在水运子部门中,提高内河航运的承运比例。

不同组织对交通运输领域技术性节能减排措施的展望见表2-2。

不同组织对交通运输领域技术性节能减排措施的展望 表2-2

国际组织	研究报告	减排技术	技术说明	
IEA	《世界能源技术展望2012》	天然气车辆(Natural Gas Vehicle,NGV)	商业化技术	
		液化石油气车辆(Liquefied Petrol Gas,LPG)	商业化技术	
		全混合动力车(Full hybrid)	商业化技术	
		灵活燃料车(Flexible Fuel Vehicle,FFVs)	商业化技术	
		电动汽车(Battery Electric Vehicle,BEV)	2050技术	
		燃料电池电动汽车(Fuel Cell Electric Vehicle,FCEV)	2050技术	
		先进内燃机技术(ICE)	2050技术	
		插入式混合动力电动汽车(Plug-in Hybrid Electric Vehicle,PHEV)	2050技术	
		混合动力电动汽车(Hybrid Electric Vehicle,HEV)	2050技术	
联合国环境规划署	《迈向绿色经济:实现可持续发展和消除贫困的各种途径》	改进内燃机(Internal Combustion Engine,ICEs)	+ + *	+ * *
		改进车辆技术(如置换材料,空气动力性能)	+ + +	+ + +
		翻新技术	+ + +	+

续上表

国际组织	研究报告	减排技术	技术说明					
联合国环境规划署	《迈向绿色经济:实现可持续发展和消除贫困的各种途径》	混合动力或电动车辆	+	+	+	+	+	
		纯电动汽车	+	+	+	+	+	
		太阳能电动汽车		+			+	
		燃料电池电动汽车		+		+	+	+
		灵活燃料汽车	+	+	+	+	+	+
		可替代能源技术:生物燃料、CNG(Compressed Natural Gas,压缩天然气)、LNG、LPG等燃料	+	+	+	+	+	+
		非机动车辆	+	+	+	+	+	+
		公交系统	+	+	+	+	+	+
		智能交通系统	+	+	+	+	+	+
		交通管理中的信息技术(智能设施)	+	+	+	+	+	+
		电子/远程技术以减少交通需求	+	+	+	+	+	+
		集中售票	+	+	+	+	+	+
		经济驾驶和速度控制	+	+	+	+	+	+
国外研究机构	麦肯锡	高效内燃机技术,轻型车,汽油	—					
		高效内燃机技术,轻型车,柴油	—					
		木质素纤维素乙醇	—					
		高效内燃机技术,重型车,柴油	—					
		充电式混合动力电动汽车,轻型车,汽油	—					
		高效内燃机技术,中型车,汽油	—					
		高效内燃机技术,中型车,柴油	—					
		混合动力汽车,中型车	—					
		纯电动汽车,轻型车	—					

续上表

国际组织	研究报告	减排技术	技术说明
中国研究机构	国家发展和改革委员会能源研究所	公路运输结构优化	—
		水路运输结构优化	
		铁路运输结构优化	

注：＊-2020 年重要程度；＊＊-2050 年重要程度。

＋＋＋-核心；＋＋-高度相关；＋-一般。

2.2 交通运输减碳技术清单识别方法

交通运输减碳技术的影响因素多、覆盖范围广、类别差异大，公路、水路运输装备与基础设施的减碳路径与技术特点具有显著区别。减碳技术识别，是指采用多变量综合评价方法，对交通运输减碳技术的优劣程度进行综合、可量化的判断。

2.2.1 多变量综合评价方法的概念和特点

基于行业减碳技术内容的多样性及系统的复杂性，多变量综合评价方法，是指通过运用多个指标对评价对象进行评价的方法，其基本思想是将多个指标转化为一个能够反映综合情况的指标来评价。

多变量综合评价方法的特点表现为：评价过程不是逐个指标顺次完成的，而是通过一些特殊方法同时完成多个指标的评价。在综合评价过程中，一般要根据指标的重要性进行加权处理，评价结果不再是具有具体含义的统计指标，而是以指数或分值表示的参评对象"综合状况"的排序。

2.2.2 评价指标确定

交通运输行业减碳技术识别是一个复杂的系统,为了对交通运输行业减碳技术进行科学、合理的评价,要综合考虑多方面的因素。本书立足对交通运输行业减碳技术的特征、基本要素及主要属性等方面的分析比较,通过广泛汇总国内外专家研究成果,提出初步的评价指标框架,然后采用专家咨询法确定最终的评价指标体系。在进行评价时,一方面,要考虑到减碳技术对社会的影响,是否可以更好地推动交通运输行业节能技术的发展;另一方面,也要考虑到该减碳技术对企业经济效益的影响,提高企业进行节能技术推广应用的积极性。编写组利用前期建立的交通运输节能减排专家库,根据专家领域和节能技术的匹配性,采取随机抽样的方式,从专家库 400 位公路水路交通运输节能减排专家中,抽取 60 位专家,保障了专家选取的代表性及充分性。本书在以德尔菲法确定指标体系的基础上,采用层次分析法进行指标体系权重系数的确定。交通运输减碳技术评价指标体系的目标层 A 下设 3 个准则层 B 指标,准则层 B 下再设 9 个因素层 C 指标,具体如图 2-1 所示。

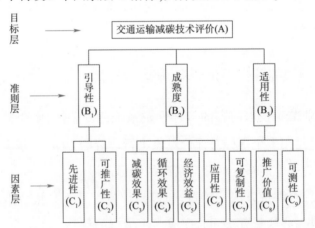

图 2-1 交通运输减碳技术评价指标体系层次结构

对交通运减碳技术评价指标体系准则层指标说明见表 2-3。

准则层指标说明　　　　　　　　　　　　　　　　表 2-3

指标名称	指标分类	说明
引导性指标	B_1	该类指标用于表征被评价的减碳技术有无作为示范项目进行推广的特点,技术本身是否先进,是否在已有技术手段上有所突破,是否可以代表技术发展方向,是否是有使用价值
成熟度指标	B_2	该类指标用于表征被评价的减碳技术的应用情况,是否有足够的发展潜力,技术是否成熟,是否已经具备大规模应用的条件
适用性指标	B_3	该类指标用于表征被评价的减碳技术是否易于推广,适用范围是否广泛,是否具有推广价值等

对交通运输减碳技术评价指标体系因素层指标说明见表 2-4。

因素层指标说明　　　　　　　　　　　　　　　　表 2-4

指标名称	指标分类	说明
先进性	C_1	该指标用于表征被评价的减碳技术的技术水平是否优于目前现有的大部分减碳技术
可推广性	C_2	该指标用于表征被评价的减碳技术的应用条件及要求,是否具有特殊性,应用范围是否广泛
减碳效果	C_3	该指标用于表征被评价的减碳技术的 CO_2 或者氮氧化物的减排量,可用替代燃料量或节能量代替所产生
循环效果	C_4	该指标用于表征被评价的减碳技术在减少浪费、废弃资源再利用方面的效果
经济效益	C_5	减碳技术单位投资所产生的经济效益,可综合考虑项目投资额、投资回收期等
应用性	C_6	该指标用于表征被评价的减碳技术在实际应用中出现的问题及解决问题的难易程度

续上表

指标名称	指标分类	说明
可复制性	C_7	该指标用于表征被评价的减碳技术在资金、设备、基础设施建设、人员投入等方面的要求,是否易于其他企业学习,可考查形成的标准专利等
推广价值	C_8	该指标用于表征被评价的减碳技术是否具有大规模推广应用的价值
可测性	C_9	该指标用于表征被评价的减碳技术的减排效果是否能够定量测算,测算方法是否科学

2.2.3 评价指标权重的确定

本书利用层次分析法对减碳技术评价指标体系各层中的指标进行权重系数标定,建立层次分析模型,在各层元素中进行两两比较,构造比较判断矩阵。为了使决策判断定量化,本书使用1-9标度方法。通过求解判断矩阵,可得某层次相对于上一层次的独立权重系数,依此沿递接层次结构由上而下逐层计算,即可得出因素层相对于目标层的最终权重系数。

准则层对于目标层的判断矩阵 A 为:

$$A = \begin{bmatrix} 1 & \dfrac{1}{5} & \dfrac{1}{3} \\ 5 & 1 & 3 \\ 3 & \dfrac{1}{3} & 1 \end{bmatrix}$$

计算单独权重系数可归结为计算判断矩阵的最大特征根及其特征向量,由于权重系数在本质上是表达定性概念,因此,本书采用简化方法计算:

(1)计算判断矩阵每一行元素的乘积 M_i:

$$M_i = \prod_{j=1}^{n} a_{ij} \quad (i = 1, 2, \cdots, n) \tag{2-1}$$

（2）计算 M_i 的 n 次方根 $\overline{W_i}$：

$$\overline{W_i} = \sqrt[n]{M_i} \tag{2-2}$$

（3）对向量 $\overline{W_i} = [\overline{W_1}, \overline{W_2}, \cdots, \overline{W_n}]^T$ 正规化：

$$W_i = \frac{\overline{W_i}}{\sum\limits_{j=2}^{n} \overline{W_j}} \tag{2-3}$$

则 $W = [W_1, W_2, \cdots, W_n]^T$ 即为所求特征向量。

（4）计算判断矩阵的最大特征根 $\lambda_{\max}$：

$$\lambda_{\max} = \sum_{i=1}^{n} \frac{(AW)_i}{nW_i} \tag{2-4}$$

其中 $(AW)_i$ 表示向量 AW 的第 i 个元素。

根据上述方法求解可得：

$$W = \begin{bmatrix} 0.105 \\ 0.637 \\ 0.258 \end{bmatrix}$$

求解判断矩阵后，需对判断矩阵进行一致性检验，利用矩阵理论，λ 为矩阵特征根，且对于所有的 $a_{ij} = 1$，有：

$$\sum_{i=1}^{n} \lambda_i = n \tag{2-5}$$

当矩阵具有完全一致性时，$\lambda_1 = \lambda_{\max} = n$，其余特征根均为 0；当矩阵不具有完全一致性时，则 $\lambda_1 = \lambda_{\max} > n$，其余特征根 $\lambda_2, \lambda_3, \cdots, \lambda_n$ 有如下关系：

$$\sum_{i=2}^{n} \lambda_i = n - \lambda_{\max} \tag{2-6}$$

因此，本书采用最大特征根外其余特征根的负平均值，作为度量判断矩阵偏离一致性的指标，即：

$$CI = \frac{\lambda_{\max} - n}{n - 1} \tag{2-7}$$

此外,考虑需要量化不同阶判断矩阵是否具有满意一致性,本文引入判断矩阵的随机一致性指标 RI 值,见表2-5。

判断矩阵随机一致性指标 RI 值　　　　　　　表2-5

序号	1	2	3	4	5	6	7	8	9
RI 值	0.00	0.00	0.58	0.90	1.12	1.24	1.32	1.41	1.45

判断矩阵的偏离一致性指标 CI 与同阶平均随机一致性指标 RI 之比称为随机一致性比率,记为 CR,当 $CR = \dfrac{CI}{RI} < 0.10$ 时,可认为判断矩阵具有满意的一致性,否则需调整。

利用上述步骤验证判断矩阵 $\boldsymbol{A}$ 的一致性,求解可得:

$$\lambda_{\max} = 3.038, CI = 0.0193, RI = 0.58, CR = 0.033 < 0.10$$

因此,判断矩阵 $\boldsymbol{A}$ 具有满意的一致性。

同理可求得相对于判断矩阵 $\boldsymbol{B}_1, \boldsymbol{B}_2, \boldsymbol{B}_3$,各指标的独立权重及矩阵一致性检验情况。

$$\boldsymbol{B}_1 = \begin{bmatrix} \dfrac{1}{2} & 1 \\ \dfrac{1}{3} & \dfrac{1}{2} \end{bmatrix} \quad \boldsymbol{B}_2 = \begin{bmatrix} \dfrac{1}{2} & 1 & \dfrac{1}{7} & \dfrac{1}{5} \\ 5 & 7 & 1 & 3 \\ 3 & 5 & \dfrac{1}{3} & 1 \\ \dfrac{1}{3} & \dfrac{1}{2} & \dfrac{1}{4} & \dfrac{1}{6} \end{bmatrix} \quad \boldsymbol{B}_3 = \begin{bmatrix} 1 & 1/4 & 1/3 \\ 4 & 1 & 2 \\ 3 & \dfrac{1}{2} & 1 \end{bmatrix}$$

对于判断矩阵 $\boldsymbol{B}_1$,其计算情况如下:

$$\boldsymbol{W} = \begin{bmatrix} 0.423 \\ 0.227 \\ 0.227 \end{bmatrix} \quad \lambda_{\max} = 4.010, CI = 0.004, RI = 0.9, CR = 0.004 < 0.10$$

对于判断矩阵 $\boldsymbol{B}_2$，其计算情况如下：

$$\boldsymbol{W} = \begin{bmatrix} 0.119 \\ 0.281 \\ 0.223 \\ 0.413 \end{bmatrix} \quad \lambda_{\max} = 5.297, CI = 0.074, RI = 1.12, CR = 0.066 < 0.10$$

对于判断矩阵 $\boldsymbol{B}_3$，其计算情况如下：

$$\boldsymbol{W} = \begin{bmatrix} 0.122 \\ 0.298 \\ 0.320 \end{bmatrix} \quad \lambda_{\max} = 3.018, CI = 0.009, RI = 0.58, CR = 0.016 < 0.10$$

考虑到减碳技术评价体系准则层中与因素层不存在交叉，因此，因素层各因素权重和与之对应的准则层因素权重的乘积，即为交通运输行业减碳技术评价指标体系的最终权重系数。为保障评价方法的可操作性，权重系数保留两位小数，并按指标重要程度重新排列顺序，具体见表2-6。

交通运输行业减碳技术评价指标体系赋权情况　　　　表2-6

指标名称	指标	权重系数	指标名称	指标	权重系数
先进性	C_1	0.15	应用性	C_6	0.10
可推广性	C_2	0.15	可复制性	C_7	0.10
减碳效果	C_3	0.10	推广价值	C_8	0.10
循环效果	C_4	0.10	可测性	C_9	0.10
经济效益	C_5	0.10			

2.2.4　减碳技术识别方法选择

交通运输减碳技术因为其本身的特殊性，其评价指标基本都为定性的指标，为解决这一问题，实现定性指标定量化是关键。定性指标定量化的方法很多，如德尔菲法、模糊信息优化技术、灰色信息及处理方法、层次分析法（AHP

法)等,但由于问题的复杂性,至今仍没有一个完善的使定性指标量化的方法,没有一个公认的量化模式。结合交通运输减碳技术的基本情况,本书综合使用多种方法,从实用的角度出发,采用评价等级隶属度的方法来确定。

评价方法的步骤为:

(1)确立评价指标集 $U = \{u_1, u_2, \cdots, u_n\}$($n$ 为评价指标数量);

(2)在评价指标集基础上,建立评价等级集 $V = \{v_1, v_2, \cdots, v_m\}$($m$ 为评价等级数量);

(3)对评价指标集中的单个因素进行单因素评判,确定该评价因素相对评价等级集的隶属度 $r_i = (r_{i1}, r_{i2}, \cdots, r_{i2})$;

(4)由以上可构造出一个总的评价矩阵,即每一个被评价对象确定从 U 到 V 的模糊关系:

$$\boldsymbol{R} = (r_{ij})_{m \times n} = \begin{bmatrix} r_{11} & r_{12} & \cdots & r_{1m} \\ r_{21} & r_{22} & \cdots & r_{2m} \\ \cdots & \cdots & \cdots & \cdots \\ r_{n1} & r_{n2} & \cdots & r_{nm} \end{bmatrix} \tag{2-8}$$

(5)引入 V 上的一个模糊子集 B,称为决策集,$B = (b_1, b_2, \cdots, b_n)$,利用 $B = A * R$ 计算(A 为权重向量,$*$ 为合成算子),得出加权平均得分;

(6)综合各专家意见,得出减碳技术的最终评价。

$$P = \frac{\sum\limits_{i=1}^{m} b_i r_i}{\sum\limits_{i=1}^{m} b_i} \tag{2-9}$$

综合以上研究,交通运输行业减碳技术的主要评价指标共 9 项,通过层次分析法,求得了各指标对应的权重。在减碳技术的实际评价中,考虑评价方法及计算简便性,将指标按照 100 分进行模糊量化处理,最终得出交通运输行业减碳技术识别方法,编制了交通运输减碳技术评价打分表(表 2-7)。

多变量综合型减碳技术评价打分表 表 2-7

序号	指标名称	指标	权重	评分标准(打分取整数)
1	先进性	C_1	15	14~15:国际领先水平; 12~13:国际水平; 10~11:国内领先水平(与国际水平有差距); 7~9:国内一般水平; 4~6:区域领先水平(与国内一般水平有差距); 1~3:区域一般水平; 0:区域落后水平
2	可推广性	C_2	15	14~15:已有行业内成功应用案例; 11~13:在实际应用中,存在个别技术缺陷; 8~10:在实际应用中,存在个别技术问题; 5~7:在实际应用中,存在一定技术障碍; 1~4:尚处于试用期,未进入实际应用阶段; 0:尚处于研发阶段
3	减碳效果	C_3	10	9~10:以全行业平均水平为参照物,计算方法正确; 7~8:以区域内平均水平为参照物,计算方法正确; 5~6:以企业平均水平为参照物,计算方法正确; 1~4:以项目原有水平为参照物,计算方法正确; 0:计算方法错误

续上表

序号	指标名称	指标	权重	评分标准（打分取整数）
4	循环效果	C_4	10	10：以全行业平均水平为参照物： 年节能量≥1000tce，或年替代量≥1200toe。 8~9：以全行业平均水平为参照物： 600tce≤年节能量<1000tce，或800toe≤年替代量<1200toe； 6~7：以全行业平均水平为参照物： 500tce≤年节能量<600tce，或600toe≤年替代量<800toe； 以区域平均水平为参照物（区域平均水平低于行业平均时）： 500tce≤年节能量<1000tce，或600toe≤年替代量<1200toe。 4~5：以区域平均水平为参照物： 300tce≤年节能量<500tce，或400toe≤年替代量<600toe； 以企业项目实施前为参照物（项目实施前水平低于区域平均水平时）： 500tce≤年节能量<1000tce，或600toe≤年替代量<1200toe。 2~3：以企业项目实施前为参照物： 300tce≤年节能量<500tce，或400toe≤年替代量<600toe。 1：年节能量<300tce，或年替代量<400toe

续上表

序号	指标名称	指标	权重	评分标准(打分取整数)
5	经济效益	C_5	10	从减污率和减污量、废弃物回收率和回收量、资源循环利用率和利用量以及其他环保指标等方面进行综合评价。打分基本原则为: 公路建设与养护项目: 10:技术应用里程大于30km; 0:技术应用里程少于10km。 里程为10~30km的,采用内插法打分。 绿色维修项目: 10:企业年维修量高于同类企业平均水平; 0:企业年维修量低于同类企业平均水平
6	应用性	C_6	10	10:项目投资回收期小于1年; 8~9:项目投资回收期为1年; 6~7:项目投资回收期为2年; 4~5:项目投资回收期为3年; 2~3:项目投资回收期为4年; 1:项目投资回收期为5年; 0:项目投资回收期大于或等于6年; 不易计算投资回收期的项目(如公路建设项目等),可根据行业实际情况进行经济效益评价

续上表

序号	指标名称	指标	权重	评分标准(打分取整数)
7	可复制性	C_7	10	10:在现有条件下,复制单位依据公开资料,经一般性技术指导即可复制; 8~9:复制单位需要投入资金,增加少量设备或设施,依据公开资料,经专门技术指导才能复制; 6~7:复制单位需要投入资金,增加一定数量(或规模)的设备(或设施),依据公开资料,经专门技术指导才能复制; 1~4:复制单位依据公开资料,在投入人力、物力、财力后,仍难实现; 0:涉及专利技术、保密技术等
8	推广价值	C_8	10	10:无任何附加条件下,行业内普遍适用; 8~9:在非苛刻的条件下,行业内较大范围内适用; 6~7:在较严苛的条件下,行业内一定范围内适用; 4~5:在非苛刻的条件下,某区域内较大范围适用,行业内适用范围较小; 1~3:在较严苛的条件下,某区域一定范围内适用
9	可测性	C_9	10	10:在行业内具有广泛的推广价值; 8~9:在行业内有一定的推广价值; 6~7:在区域内具有广泛的价值,在行业内推广价值有限; 4~5:在区域内具有一定的价值; 1~3:推广价值不高
合计				100

注:tce-吨标准煤当量;toe-吨油当量。后同。

2.3 交通运输减碳技术清单识别结果

2.3.1 评价流程

1）项目组初步筛选

为保障交通运输节能技术评价结果的全面性和精确性,编写组针对节能技术进行了初步筛选。针对国家重点减碳技术推广目录、交通运输部重点推广在用车船节能产品等成熟减碳技术进行统计分析,将不同项目按其节能原理进行分类,利用专家咨询的方法,选出其中占比较大、技术较为先进的天然气汽车在道路运输中的应用、太阳能供电系统应用、高速公路 ETC 工程、温拌沥青混合料及沥青冷再生技术应用、发光二极管（Light Emitted Diode,LED）照明、天然气燃料动力船舶、港口橡胶轮胎式门式起重机（Rubber Tyre Gantry,RTG）油改电等技术进入第二轮专家打分评价。同时,根据编写组调研成果及专家咨询推荐,在现有技术识别源之外,结合行业应用实际,选取新增技术进入第二轮专家打分评价。

2）专家第二轮打分

综合对进入第二轮的 85 项交通运输减碳技术的专家评价情况,项目组对专家意见进行了整理分析,得分在 75 分以上的减碳技术共有等 66 项,全部纳入交通运输减碳技术清单,同时,编写组将未列入减碳技术清单的具体原因进行简单总结。其中,"环保型乳化柴油在大中型货运车上的应用技术"未纳入的原因为目前该技术的论证仅对国 2 及以下车型有效果,对于国 3 及以上车型并不适用;"轨道交通再生制动装置技术"未纳入的理由为初期投入较大,且为后装装置,不排除可能对轨道交通运营带来安全隐患。

综上,编写组依据研究建立的交通运输减碳技术评价指标体系,利用专家咨询、成熟减碳技术筛选、新增减碳技术调研及专家推荐等手段,从目前交通运输行业的减碳技术、工艺和产品中,选取了代表性较强的66项减碳技术,涵盖了公路水路交通运输领域的各个方面。

2.3.2 技术分类

编写组采取情景分析的方法,将中国交通运输行业发展情景分为两类:基准情景和强化低碳情景。在两种情景下,2030年之前我国交通碳排放量呈现快速增长的趋势,特别是在基准情景下。强化低碳情景下,低碳技术及能源变革减碳贡献效果显著,低碳技术的应用决定着未来行业低碳发展程度。低碳技术及能源变革情景下的减排效果分析如图2-2所示。

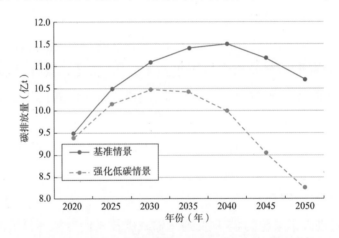

图2-2 低碳技术及能源变革情景下的减碳效果分析

编写组认为交通运输业减碳技术应该主要关注以下几个方面:

一是基础设施建设与运营领域减碳技术。我国交通运输业的增长速度较快,其建设施工、运营和养护中的减碳技术、如温拌沥青技术、冷再生和热再生技术、综合运输枢纽运营和设计技术、港口节能减碳技术等,均是当前及今后一段时间中国交通运输业重点需要优先考虑的领域。

二是运输装备领域减碳技术。如车、船的节能节油技术、替代燃油技术等,在各种交通运输方式中,公路运输的 CO_2 排放占比最大,是减碳的重点领域。

三是智能交通领域减碳技术。通过信息化、自动化和智慧化技术应用,提高设备设施运行效率,降低碳排放,包括能耗统计监测系统、ETC 系统、公路隧道通风智能控制系统、公众出行信息服务系统、自动化码头、自动驾驶等。

2.3.3 识别结果

本书在基础设施建设与运营领域、运输装备领域、智能交通三大领域下,细分公路、水路、综合各子领域,识别共计 66 项交通运输减碳技术,详见表 2-8。

交通运输减碳技术清单 表 2-8

所属领域		序号	名称
基础设施建设与运营领域	公路	1	温拌沥青混合料技术
		2	沥青路面冷再生技术
		3	公路建设施工期集中供电技术
		4	公路供配电节能技术
		5	天然气在公路施工机械中的应用
		6	沥青拌和设备节能技术应用
		7	公路自发光交通标识项目
		8	旋挖钻孔技术
		9	预应力管桩应用
		10	桥梁预制技术
		11	耐久性路面结构
		12	低碳薄层桥面铺装体系
		13	节能型振动锤组振沉钢圆筒

续上表

所属领域		序号	名称
基础设施建设与运营领域	公路	14	全自动液压模板预制沉管技术
		15	扁担梁胎架底座拆除技术
		16	沉管隧道体内精调新工艺
		17	挤密砂桩(Sand Compaction Pile,SCP)技术
	水路	18	靠港船舶使用岸电技术
		19	港口供电设施节能技术
		20	港口生产工艺优化
		21	港口带式输送机节能技术
		22	港口机械自动控制系统节能技术
		23	集装箱码头RTG"油改电"技术
		24	集装箱码头电动橡胶轮胎式门式起重机(ERTG)无油转场技术
		25	天然气在港口装卸机械中的应用
		26	大型电动机械势能回收技术
		27	港口装卸机械工属具改造
		28	码头油气回收系统
		29	平台式整平船节能技术
		30	抛石夯平船节能技术
		31	沉管安装船节能技术
		32	港口电伴热技术
		33	港口喷淋系统泵房变频改造
		34	管道伴热泵站换热系统节能改造
	综合	35	节能照明技术

续上表

所属领域		序号	名称
基础设施建设与运营领域	综合	36	交通基础设施建筑制冷及采暖节能技术
		37	风能和太阳能在交通基础设施中的应用
		38	节能型可变信息标志
运输装备领域	公路	39	天然气车辆
		40	机动车驾驶培训模拟装置
		41	绿色汽车维修技术
		42	有轨电车
		43	混合动力电动汽车
	水路	44	天然气船舶
		45	营运船舶节能技术
		46	施工船舶节能技术
		47	港口机械和船舶操作培训模拟装置应用
		48	化学品船舶液货舱主机冷却水余热利用技术
		49	船舶燃油超声波乳化节能技术
智能交通领域	公路	50	电子不停车收费(ETC)系统
		51	公路隧道通风智能控制系统
		52	高速公路公众服务及低碳运行指示系统
		53	营运车辆智能化运营管理系统
		54	车辆超限超载不停车(高速)预检管理系统
		55	慢行交通系统
		56	快速公交系统(Bus Rapid Transit,BRT)
	水路	57	港口智能化运营管理系统
		58	内河船舶免停靠报港信息服务系统

续上表

所属领域		序号	名称
智能交通领域	综合	59	数字航道系统
		60	港口物流系统
		61	港口污水远程控制系统
		62	公众出行信息服务系统
		63	物流公共信息平台
		64	能耗统计监测管理信息系统
		65	铁水联运信息服务平台
		66	交通运输综合管理平台

2.4　本章小结

本章重点对交通运输技术清单进行研究,其成效主要体现在以下两个方面:一是为《交通运输行业重点节能低碳技术推广目录》的编制奠定研究基础。在现有清单的基础上,在行业内持续开展了《交通运输行业重点节能低碳技术推广目录》的推选及推广应用工作,形成了一套适用于行业发展现状、科学完善、可操作性强的节能低碳技术综合评价方法。通过 2016 年度、2019 年度、2021 年度三批目录编制工作,共推选出 100 余项重点节能低碳技术,节能驾驶操作等技术已形成行业标准近 10 项,清洁能源与新能源汽车应用、港口岸电建设等技术成为区域性、主题性绿色交通项目创建中的主要应用技术,建筑信息模型(Building Information Modeling, BIM)技术应用、自动化码头建设关键技术应用等有效引领行业向信息化、智能化转型,应用规模日趋广泛。二是支撑行业顶层文件中关于减碳技术的部署与要求。通过全面总结清单技术研究及应用成果,支撑了《交通运输节能环保"十三五"发展规划》(交规划发〔2016〕94号)、《推进交通运输生态文明建设实施方案》(交规划发〔2017〕45号)、《绿色交通"十四五"发展规划》(交规划发〔2021〕104号)、《交通运输部　国家铁路局　中国民用航空局　国家邮政局贯彻落实〈中共中央　国务院关于完整准确全面贯彻　新发展理念做好碳达峰碳中和工作的意见〉的实施意见》(交规划发〔2022〕56号)等文件中关于减碳技术的部署与要求,清单关键技术纳入《"十四五"交通领域科技创新规划》(交科技发〔2022〕31号)中绿色交通领域技术,支撑《绿色交通标准体系(2016年)》(交办科技〔2016〕191号)、《绿色交通标准体系(2022年)》(交办科技〔2022〕36号)中节能降碳技术标准研究。

3　交通运输技术减碳能力
　　评估研究

3.1　交通运输减碳技术多路径分析

早在交通运输部印发的《资源节约型环境友好型公路水路交通发展政策》中,已经提出"少用、用好和循环用"的发展理念。随着减碳技术的不断发展,减碳技术路径不断变宽,技术手段不断增加,可采用的设备设施种类逐步增多。因此,为了对交通运输技术减碳能力进行科学评估,首先按照减碳的关键技术及其应用时期的不同,将交通运输减碳技术的路径归纳为四类,即减量技术、替代技术、增效技术和循环技术。下面将分类对交通运输减碳技术路径进行研究。

3.1.1　减量技术

减量技术是交通运输减碳技术中最基础的技术类别,也是从"十二五"前期以来,交通运输行业推进交通运输绿色低碳发展最重要的依托。目前,该类技术主要通过技术升级改造或新技术更新换代,使得能源消耗量降低,从而带来碳排放量的减少。该类技术如温拌沥青混合料技术、节能照明技术等,在公路水路交通基础设施建设与运营,以及道路运输和水路运输装备运营与管理等领域都得到广泛应用。减量技术路径及相关技术见表 3-1。

减量技术路径及相关技术列表　　表 3-1

技术类别	路径识别	技术名称	应用领域
减量技术 (33项)	降低能源消耗,从而减少碳排放量	温拌沥青混合料技术、公路供配电节能技术、沥青拌和设备节能技术、旋挖钻孔技术、预应力管桩应用、桥梁预制技术、耐久性路面结构、低碳薄层桥面铺装体系、节能型振动锤组振沉钢圆筒、全自动液压模板预制沉管技术、扁担梁胎架底座拆除技术、沉管隧道体内精调新工艺、SCP 技术	公路基础设施建设 (13项)

续上表

技术类别	路径识别	技术名称	应用领域
减量技术 (33项)	降低能源消耗,从而减少碳排放量	平台式整平船节能技术、抛石夯平船节能技术、沉管安装船节能技术	水路基础设施建设 (3项)
		节能照明技术、交通基础设施建筑制冷及采暖节能技术、节能型可变信息标志	公路水路基础设施运管 (3项)
		港口供电设施节能技术、港口生产工艺优化、港口带式输送机节能技术、大型电动机械势能回收技术、港口装卸机械工属具改造、港口喷淋系统泵房变频改造、管道伴热泵站换热系统节能改造	水路基础设施运营 (8项)
		机动车驾驶培训模拟装置应用、绿色汽车维修技术、BRT应用	道路运输装备 (3项)
		营运船舶节能技术、施工船舶节能技术、港口机械和船舶操作培训模拟装置、船舶燃油超声波乳化节能技术	水路运输装备 (3项)

3.1.2 替代技术

替代技术是实现交通运输碳达峰目标的核心技术手段,指通过使用太阳能、风能等可再生能源,可实现零碳排放;通过使用电力替代传统燃油,可以实现交通运输环节的零碳排放;通过在无法应用电力替代的领域,使用LNG等清洁能源,可以大幅降低碳排放。该类技术在"十二五"时期已经广受关注。从"十二五"时期的LNG替代燃油,到"十三五"时期的传统电力替代燃油,再到当前通过太阳能和风能应用替代燃油和传统电力,该类技术已经成为交通运输减碳技术的中坚力量,减碳效果突出,在公路水路交通运输行业中应用场景广泛、丰富。替代技术路径识别及相关技术见表3-2。

替代技术路径识别及相关技术   表3-2

技术类别	路径识别	技术名称	应用领域
替代技术 (12项)	采用电力、太阳能和风能等新能源,以及LNG等清洁能源,替代传统化石燃料,从而减少碳排放量	公路建设施工期集中供电技术、天然气在公路施工机械中的应用	公路基础设施建设 (2项)
		风能和太阳能在交通基础设施中的应用	公路水路基础设施运营 (1项)
		公路自发光交通标识	公路基础设施运管 (1项)
		靠港船舶使用岸电技术、集装箱码头RTG"油改电"技术、集装箱码头ERTG无油转场技术、天然气在港口装卸机械中应用	水路基础设施运营 (4项)
		天然气车辆、有轨电车、混合动力电动汽车	道路运输装备 (3项)
		天然气船舶	水路运输装备 (1项)

3.1.3 增效技术

增效技术主要指智能交通技术。该类技术主要通过信息化、自动化和智慧化技术应用,提高设备设施运行效率,降低单位能源消耗强度,从而减少碳排放量。信息技术具有明显的节能减碳效果。"十二五"以来,信息化平台建设等作为提升管理能力的手段被广为应用。"十三五"之后,随着减碳压力增大,以及第五代移动通信(5G)等数字技术发展,智能交通技术也开始应用于隧道通风照明自动控制、自动化码头建设、自动驾驶等领域,其直接减碳效果日益受到关注,已经成为加快推进交通运输绿色低碳发展的重要手段。作为新兴减碳技术手段,增效技术虽然目前可应用推广的成熟技术偏少,但是在今后的绿色发展中将会扮演更为重要的角色。我们将其单独作为一类,以期人们对这类技术给予更多关注。其中,能耗统计监测系统是能源消费和碳排放管理的基础,也是提高能效水平、降低碳排放的先决条件,在后续的研究中会将其作为重点技术深入研究。增效技术路径识别及相关技术见表3-3。

增效技术路径识别及相关技术　　　　　　　表3-3

技术类别	路径识别	技术名称	应用领域
增效技术 (17项)	通过信息化、自动化和智慧化技术应用,提高设施设备运行效率,降低碳排放	能耗统计监测系统、公众出行信息服务系统、物流公共信息平台、铁水联运信息服务平台、交通运输综合管理平台	公路水路交通领域 (5项)
		ETC系统、公路隧道通风智能控制系统、高速公路公众服务及低碳运行指示系统、车辆超限超载不停车(高速)预检管理系统	公路基础设施运管 (4项)
		港口机械自动控制系统节能技术、港口智能化运营管理系统、数字航道系统、港口物流系统、港口污水远程控制系统	水路基础设施运营 (5项)
		营运车辆智能化运营管理系统、慢行交通系统	道路运输装备 (2项)
		内河船舶免停靠报港信息服务系统	水路运输装备 (1项)

3.1.4 循环技术

循环技术主要指资源集约节约利用技术。这类技术是绿色交通的重要方面,从"十二五"期就作为重要的节能环保技术得到推广。由于其直接减碳效果偏弱,长期以来这类技术在减碳方面并未受到关注,目前纳入清单的较少。但是,这类技术间接减碳成效显著,如路面再生技术可减少原材料加工和运输环节用能,对社会经济领域整体减碳而言,具有显著贡献。预计未来,循环技术必将获得广泛应用,对于国家绿色低碳发展目标的实现具有重要作用。循环技术路径识别及相关技术见表3-4。

循环技术路径识别及相关技术 表3-4

技术类别	路径识别	技术名称	应用领域
循环技术 (4项)	节约燃油和原材料使用,减少碳排放	沥青路面冷再生技术	公路基础设施建设 (1项)
		码头油气回收系统、港口电伴热技术、化学品船舶液货舱主机冷却水余热利用技术	水路基础设施运营 (3项)

通过研究分析认为,减量技术应用情况在"十三五"时期达到最高峰,之后的减碳效果将逐步减弱;替代技术是"十四五"时期的主流减碳技术,目前仍处于上升阶段;增效技术是随着信息化和智慧化技术发展而发展起来的,将在碳达峰阶段达到应用高峰;循环技术虽然出现较早,但是其应用将在碳中和阶段才达到高峰(图3-1)。

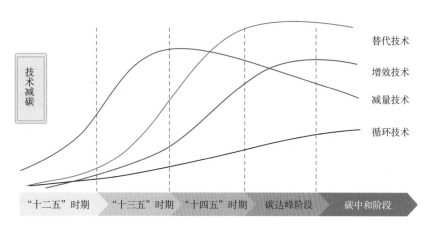

图 3-1　交通运输减碳技术路径发展过程示意图

3.2　交通运输技术减碳能力评估方法研究

3.2.1　评估方法研究概述

1）节能能力评估方法

（1）能源技术模型。

能源技术模型以反映能源消费和生产的人类活动所使用的技术过程为基础,对能源消费和生产方式等进行预测,以此来评价不同政策对能源技术选择及环境排放的影响,从中寻找能够实现能源、经济、环境协调发展的政策及技术方法和手段,一般也被称为"自下而上模型"。此类模型主要有动态能源优化模型和节能曲线供应模型,可用于测算区域节能潜力。

动态优化模型也称为部分均衡模型,是以能源供给与需求技术的详细信息为基础,以能源系统的总成本最小化为目标,来计算能源市场的局部均衡。MARITAL 系列模型是典型的动态优化模型。1976 年,国际能源署

（International Energy Agency，IEA）组织开发了 MARITAL 模型。该模型是一个基于单目标线性规划方法的能源系统分析工具，通常由 4000～6000 个变量及数量相当的方程式构成，是由能源数据库及线性规划软件两部分组成的部分均衡模型。其中，能源数据库为各国有关能源情况的资料，包括能源服务需求、能源技术与初级供应等三部分。

节能供应曲线，又称为节能排列曲线。它是一个简单的图表，以节约单位能源的投资为函数，评估其潜在节能量。此模型可以排列出所有的节能措施以及不同投资情况下的部分措施，措施的技术水平以投资效益的递减顺序用阶梯函数表示，阶梯的高度是措施的节能投资（CCE），宽度为措施取得的潜在节能量。能源价格线是选择方案的分界线，也是投资效益的一个极限。把所有数据排列起来，将会较容易地看出哪一措施的节能量大，哪一措施具有较好的投资效益。

（2）参数对比方法。

参数对比方法是计算节能潜力的主要方法，即计算现实状况与先进水平之间差距的方法，其思想是"差距即潜力"。参数对比法是对比研究对象之间的能效差距，从而得到低能效对象节能潜力的方法，对比的参数包括单要素能源效率和全要素能源效率。

①应用单要素能源效率为对比参数的方法的研究。比如，郑明慧等通过对比分析 2009 年我国各省（自治区、直辖市）的能源强度，找出省际能源强度差别，得到了河北省的节能潜力；杨敏英则以 2005 年全国单位国内生产总值（Gross Domestic Product，GDP）能耗为基准目标值，测算了当年高于全国平均单位产值能耗的各省（自治区、直辖市）的节能潜力。

②应用全要素能源效率为对比参数的方法的研究。比如，于丰运用 DEA 的全要素相对效率方法，并基于 200—2010 年 29 个制造行业的数据，对比分析了这些工业行业的节能潜力；周春应等基于 DEA（数据包络分析）理论，分析了中国不同工业行业的节能潜力以及不同要素密集度行业在

2005—2010 年各年的节能潜力总量;范丹等则以非期望产出的 SBM(超效率)模型为基础,通过定义节能减排模型,并基于 1999—2010 年的投入产出数据,分析了中国各个省(自治区、直辖市)的节能潜力,这种研究思路事实上与于丰、周春应等学者的研究方法的内在思想一致,只是它将非期望产出纳入全要素能源效率的分析中,从而令节能潜力的分析对比参数更为准确。

2)碳排放核算方法

公路水路交通温室气体量化模型主要分为基于能耗统计和基于车辆和船舶实验测试两大类。其中,基于能耗统计模型在交通运输部门的温室气体排放统计中应用较为广泛。2003 年,美国能源信息署(Energy Information Administration,EIA)开发了 NEMS,其交通模块通过燃油消耗的预测进行温室气体排放推测;2007 年,Argonne 实验室在美国能源部的资助下开发了排放预测模型 VISION,该模型可按不同技术水平和燃油分别预测车辆温室气体排放。德国学者 Jacques 于 2004 年提出了道路运输系统中能耗与 CO_2 的转化关系:排放强度从 0.8t · km 到 26t · km 的能耗,将产生 1kg 的二氧化碳。2008 年,荷兰学者 Susilo 基于全国交通调查数据,结合 Jacques 的运输量与 CO_2 转化关系,分析了荷兰地区 1990—2005 年的 CO_2 排放总量的上升趋势。Kaya 等人于 1991 年提出交通中 CO_2 的影响因素有人口、人均交通强度、交通工具能耗强度和单位能耗的含碳量。

《IPCC 国家温室气体清单指南》碳排放模型是目前广泛应用的减碳能力评估方法,指南中提供了能源部分基准方法,燃料消费产生 CO_2 排放量的计算公式为:

$$C = \sum A_i \times EF_i \tag{3-1}$$

式中:C——CO_2 排放量;

A_i——第 i 种燃料的消费量;

EF_i——第 i 种燃料的排放因子,EF_i = 低位发热量 × 含碳量 × 碳氧化率 ×

碳转化系数。

通过燃料消费量推算 CO_2 排放量的方法可以获取 CO_2 排放总量,用于总体测算,但是无法分析地区特色和不同交通条件,如道路系统服务水平以及诸多因素对 CO_2 排放量的影响。因此,除了利用燃料消费量得到 CO_2 排放总量外,更需要利用各种先进的温室气体检测手段,研究温室气体与各种交通因素的关系。

3)小结

从国内外研究成果来看,对于减碳能力的评估一般针对单项技术或者某一行业、某一区域进行。对于单项技术,通常采用对比研究法;对于某一行业或某一区域,可采用能源经济模型或能源技术模型等方法开展研究。目前,对交通运输领域技术减碳能力的研究较少,尚未建立成熟的研究方法。因此,本书研究拟以能源技术模型为基础,按照自下而上的基本思路,对交通运输技术减碳能力评估方法进行研究。从减量技术、替代技术、增效技术和循环技术4类路径对减碳能力进行评估,后续章节将依托技术清单,根据技术特点,采用参数对比方法,逐项深入开展研究。

3.2.2　减量技术减碳能力评估方法

1)评估模型

采用参数对比方法,根据各项技术特点,合理选取可比技术,计算该类技术的节能量,并采用 IPCC 碳排放核算方法,研究构建技术减碳能力的评估方法。可比技术选取原则为:

(1)应选取气候、气温相似地区,相同季节施工工况的碳排放水平;

(2)应选取同一技术代际的同类技术进行比较;

(3)应选取同类工作条件的项目所产生的碳排放量进行比较。

其评估方法为:

$$RC_{di} = \Delta E_{di} \times EF_{di} \qquad (3\text{-}2)$$

$$\Delta E_{di} = E_{di0} - E_{di} \qquad (3\text{-}3)$$

式中：RC_{di}——第 i 类减量技术的年度减碳能力；

$\quad\Delta E_{di}$——应用第 i 类减量技术产生的节能量；

$\quad EF_{di}$——消耗的能源对应的碳排放因子；

$\quad E_{di}$——应用第 i 类减量技术产生的能耗量；

$\quad E_{di0}$——应用可比技术产生的能耗量。

2）典型技术评估方法研究：温拌沥青混合料技术

受本书篇幅所限，书中仅选取典型技术对减碳能力评估方法进行研究。本部分选取温拌沥青混合料技术作为节能减碳技术的典型代表进行研究。

（1）温拌沥青混合料技术减碳能力的内涵。

温拌沥青混合料技术是指路用性能满足现行《公路沥青路面施工技术规范》（JTG F40）的技术要求，与同类型的热拌沥青混合料相比，其路用性能有所提高或相当，且拌和温度应降低 30℃ 以上的沥青路面技术。

温拌沥青混合料技术减碳能力是指对比相似地区、同类常温沥青技术碳排放量，以温拌添加剂或温拌沥青为原料拌制的温拌沥青混合料技术应用项目所产生的碳排放减少量。

（2）单位温拌沥青混合料节能量的确定。

拌制沥青混合料燃料消耗量主要是指拌和设备在加热沥青混合料的过程中所消耗的燃料（天然气或燃油）量。

①单位温拌沥青混合料燃料消耗量的确定。

对不同类型的温拌沥青混合料，按照各个工程项目中温拌沥青混合料的用量（单位：t）和所消耗的燃料量（单位：m³或 kg），确定单位重量温拌沥青混合料的燃料消耗量（单位：m³/t 或 kg/t），其计算公式如下：

某一类型温拌沥青混合料总用量

$\quad= \Sigma$ 各个工程项目中该类型温拌沥青混合料的用量 　（3-4）

某一类型温拌沥青混合料燃料消耗量

= Σ各个工程项目中拌制该类型温拌沥青混合料的燃料消耗量(3-5)

$$某一类型温拌沥青混合料单位燃料消耗量 = \frac{该类型温拌沥青混合料燃料消耗量}{该类型温拌沥青混合料总用量}$$

(3-6)

②单位同类型热拌沥青混合料燃料消耗量的确定。

按照同一地区内既有的应用同类型热拌沥青混合料的项目,根据其统计的热拌沥青混合料拌制数量(单位:t)和燃料消耗量(单位:m^3 或 kg),确定拌制单位质量相同类型常规热拌沥青混合料所消耗的燃料量(单位:m^3/t 或 kg/t),其计算公式如下:

某一类型热拌沥青混合料总用量

= Σ各个工程项目中该类型热拌沥青混合料的用量 (3-7)

某一类型热拌沥青混合料燃料消耗量

= Σ各个工程项目中拌制该类型热拌沥青混合料的燃料消耗量 (3-8)

$$某一类型热拌沥青混合料单位燃料消耗量 = \frac{该类型热拌沥青混合料燃料消耗量}{该类型热拌沥青混合料总用量}$$

(3-9)

③单位温拌沥青混合料节能量的确定。

采用某类型温拌沥青混合料技术所产生的单位节能量(单位:m^3/t 或 kg/t),是同类型热拌沥青混合料的单位燃油消耗量与该类型温拌沥青混合料单位燃油消耗量之差,其计算公式如下:

某一类型温拌沥青混合料单位节能量 = 同类型热拌沥青混合料单位燃油消耗量 –

该类型温拌沥青混合料单位燃油消耗量

(3-10)

(3)项目节能量的确定。

根据不同类型的温拌沥青混合料用量(单位:t)和其单位节能量,可核算项目采用温拌技术的节能量(单位:m^3 或 kg),其计算公式如下:

某一类型温拌沥青混合料节能量 = 该类型温拌沥青混合料用量 ×

该类型温拌沥青混合料单位节能量

(3-11)

项目节能量 = $\sum$ 各个类型温拌沥青混合料节能量 (3-12)

(4)项目减碳能力的确定。

根据项目采用温拌沥青混合料所节约的燃料量,利用 IPCC CO_2 排放因子计算碳减排量,即得到项目的减碳能力(单位:t),其计算公式如下:

项目的减碳能力 = 项目的节能量 × 燃料二氧化碳排放因子 × 10^{-3}

(3-13)

3)测算示例

某高速公路铺筑温拌沥青路段全长 4.5km,使用温拌沥青混合料面层约 70875m²,共使用 66002.47t 的沥青混合料(表 3-5),采用燃料油加热,温拌沥青添加剂购置费用 284.64 万元。

沥青混合料使用量统计表 表 3-5

| 序号 | 工程项目名称 | 温拌沥青混合料 | | 沥青或温拌沥青标号/类型 | 备注 |
		类型	数量(t)		
1	淤泥河特大桥全幅中面层	AC-20	4999.48	90 号基质沥青	—
2	桥子沟大桥全幅中面层	AC-20	2964.29	90 号基质沥青	—
3	李家洼大桥全幅中面层	AC-20	3981.89	90 号基质沥青	—
4	桃园大桥全幅中面层	AC-20	1952.36	90 号基质沥青	—
5	董家沟大桥全幅中面层	AC-20	4822.51	90 号基质沥青	—
6	葫芦河大桥左幅中面层	AC-20	2666.99	90 号基质沥青	—
7	淤泥河特大桥全幅上面层	AR-GM13	3365.41	90 号基质沥青	—
8	桥子沟大桥全幅上面层	AR-GM13	1995.42	90 号基质沥青	—
9	李家洼大桥全幅上面层	AR-GM13	2680.42	90 号基质沥青	—

续上表

序号	工程项目名称	温拌沥青混合料		沥青或温拌沥青标号/类型	备注
		类型	数量(t)		
10	董家沟大桥全幅中面层	AR-GM13	1314.23	90号基质沥青	—
11	桃园大桥全幅上面层	AR-GM13	3246.28	90号基质沥青	—
12	葫芦河大桥左幅上面层	AR-GM13	1795.29	90号基质沥青	—
13	黄陵北服务区场内中面层	AC-20	3302.14	90号基质沥青	—
14	黄陵北服务区场内上面层	AR-GM13	2381.62	90号基质沥青	—
15	路基剩余段上面层	AR-GM13	9259.81	90号基质沥青	—
16	羊泉连接线上面层	AC-13	6642.85	90号基质沥青	—
17	黄陵北服务区匝道上面层	AR-GM13	709.11	90号基质沥青	—
18	骆驼峁隧道右幅	AC-20	4818.81	90号基质沥青	—
19	骆驼峁隧道右幅	AR-GM13	3103.56	90号基质沥青	—
	合计	—	66002.47	—	—

该项目中温拌沥青混合料单位燃油消耗量 = 该类型沥青混合料燃油消耗量/该类型温拌沥青混合料总用量 = 343784.65kg/66002.47t = 5.21 kg/t。

同一地区同类项目热拌沥青混合料单位燃油消耗量 = 该类型沥青混合料燃油消耗量/该类型热拌沥青混合料总用量 = 142580.76kg/23008.35t = 6.20 kg/t。

计算得出,该项目温拌沥青混合料的单位节油量 = 热拌沥青混合料单位燃油消耗量 - 温拌沥青混合料单位燃油消耗量 = 6.20kg/t - 5.21kg/t = 0.99kg/t。

项目总节油量 = 项目总温拌沥青混合料量 × 该项目温拌沥青混合料的单位节油量 = 66002.47t × 0.99kg/t = 65226.96kg。

项目减碳量 = 项目节油量 × IPCC 排放因子 × 10^{-3} = 65226.96 × 3.17 × 10^{-3} = 206.77tCO_2。

3.2.3　替代技术减碳能力评估方法

1）评估模型

与减量技术减碳能力评估方法类似,仍然采用参数对比方法,根据各项技术特点,合理选取可比技术,计算该两类技术的能耗量,利用 IPCC 碳排放核算方法,得出两类技术 CO_2 排放量的差异,研究构建技术减碳能力的评估方法。可比技术选取原则为:

（1）应选取气候、气温相似地区,相同季节施工工况的碳排放水平;

（2）两类技术采用的能源类型的碳排放水平存在差异;

（3）应选取同一技术代际的同类技术进行比较;

（4）应选取同类工作条件的项目所产生的碳排放量进行比较。

其评估方法为:

$$RC_{rj} = E_{rj0} \times EF_{rj0} - E_{rj1} \times EF_{rj1} \tag{3-14}$$

式中:RC_{rj}——第 j 种替代技术的年度减碳能力;

EF_{rj1}——第 j 种替代技术所使用能源对应的碳排放因子;

EF_{rj0}——可比技术所使用能源对应的碳排放因子;

E_{rj1}——应用第 j 种替代技术产生的能耗量;

E_{rj0}——应用可比技术产生的能耗量。

2）典型技术评估方法研究:天然气车辆应用

本部分选取天然气车辆应用项目作为替代技术的典型代表进行研究。

（1）天然气车辆应用项目减碳能力的内涵。

天然气车辆应用项目减碳能力是指在相同路况条件下,天然气车辆与燃油车辆完成相同运输量,使用天然气清洁燃料替代传统燃油,所减少的

CO_2 排放量。

(2)总气耗的确定。

根据天然气车辆的数量和每辆天然气车辆月度平均气耗量(单位:m^3),计算核算期(12个月)内车辆天然气总气耗(单位:m^3),其计算公式如下:

$$总气耗 = (\sum 第 i 辆车月度平均气耗量) \times 12 \qquad (3-15)$$

其中,第 i 辆车月度平均气耗量需根据每辆天然气车辆在实际运营期(不超过12个月)内的气耗量(单位:m^3)统计数据求得。

注:①运行期满1个月的车辆,若首月实际运行天数不足25天,月均气耗量计算时可剔除首月数据;运行期不足1个月的,月均气耗量可按日均气耗量乘以25天计算(出租汽车按30天按计算),其中,日均气耗量 = 实际气耗量/实际运行天数。②本书中的"天然气"均指1个大气压下,20℃时的天然气;1kg液化天然气(LNG)按气化为1.4m^3天然气计算。

(3)替代能源当量比的确定。

替代能源当量比,指在相同路况条件下,天然气车辆与燃油车辆完成相同运输量的能耗量之比。本书推荐按固定当量比(取值1.2 m^3/kg)进行核算,即1.2m^3天然气相当于1kg柴油(按燃料热当量取值)。

(4)项目替代柴油量的确定。

用总气耗除以当量比,即可计算出替代柴油量(单位:kg),其计算公式如下:

$$项目替代柴油量 = 总气耗/当量比 \qquad (3-16)$$

(5)项目减碳能力的确定。

用项目的替代柴油量,乘以 IPCC 碳排放因子,可得到项目 CO_2 减排量(单位:tCO_2),其计算公式如下:

$$项目 CO_2 减排量 = 项目替代柴油量 \times 柴油排放因子 \times 10^{-3} -$$
$$总气耗量 \times 天然气排放因子 \times 10^{-3} \qquad (3-17)$$

（6）核算参考值。

以下数值可作为核算项目替代燃油量的参考，未超过参考值的按实际发生量据实计算，超过参考值的按参考值计算。

营运客车及出租汽车单耗参考值见表3-6；营运货车单耗参考值见表3-7。

月均行程参考值：营运客车为14000km，营运货车为20000km，城市公交车为6000km，出租汽车为10000km。

营运客车及出租汽车单耗参考值   表3-6

车型	车长 L（m）	车辆等级	单耗（m^3/100km）
特大型	$L > 12$	高级车	32.35
		中级及普通级车	31.79
大型	$11 < L \leq 12$	高级车	30.76
		中级及普通级车	25.88
	$10 < L \leq 11$	高级车	30.08
		中级及普通级车	24.63
	$9 < L \leq 10$	高级车	28.38
		中级及普通级车	22.02
中型	$8 < L \leq 9$	高级车	24.41
		中级及普通级车	19.64
	$7 < L \leq 8$	高级车	22.70
		中级及普通级车	18.96
	$6 < L \leq 7$	高级车	19.41
		中级及普通级车	16.23
小型	$L \leq 6$	高级车	16.35
		中级及普通级车	13.62

注：出租汽车单耗参考值为 10 m^3/100km。

营运货车单耗参考值   表 3-7

车型	车辆总质量 $T(kg)$	单耗($m^3/100km$)
普通货车单车	$3500 < T \le 5000$	14.30
	$5000 < T \le 7000$	18.50
	$7000 < T \le 9000$	21.34
	$9000 < T \le 11000$	24.41
	$11000 < T \le 13000$	27.02
	$13000 < T \le 15000$	29.17
	$15000 < T \le 17000$	31.10
	$17000 < T \le 19000$	32.81
	$19000 < T \le 21000$	34.28
	$21000 < T \le 23000$	35.65
	$23000 < T \le 25000$	36.89
	$25000 < T \le 27000$	38.03
	$27000 < T \le 29000$	39.16
	$29000 < T \le 31000$	40.30
半挂列车	$T \le 27000$	44.27
	$27000 < T \le 35000$	45.29
	$35000 < T \le 43000$	47.68
	$43000 < T \le 49000$	48.81
自卸货车单车	$3500 < T \le 5000$	15.36
	$5000 < T \le 7000$	19.07
	$7000 < T \le 9000$	22.66
	$9000 < T \le 11000$	25.64
	$11000 < T \le 13000$	28.11

续上表

车型	车辆总质量 $T(\mathrm{kg})$	单耗(m^3/100km)
自卸货车单车	$13000 < T \leqslant 15000$	29.97
	$15000 < T \leqslant 17000$	31.45
	$17000 < T \leqslant 19000$	32.32
	$19000 < T \leqslant 21000$	32.95
	$21000 < T \leqslant 23000$	33.32
	$23000 < T \leqslant 25000$	33.69
	$25000 < T \leqslant 27000$	34.55
	$27000 < T \leqslant 29000$	35.91
	$29000 < T \leqslant 31000$	38.51

注:1. 应采用同一车型车辆的平均单耗与参考值进行对照,不要求每辆车各月单耗均不高于参考值。

2. 应采用所有同类车辆(如营运客车、营运货车、城市公交车、出租汽车等)月均行程的平均值与参考值进行对照,不要求每辆车各月行程均不高于参考值。

3)测算示例

某公司在 2015 购买 LNG 客车 1 辆,2016 购买 LNG 客车 1 辆。根据该公司提供的《客运车辆燃料消耗及行程月度统计表》,核算的 2 辆天然气客车月度平均行程为 19267.5km,平均单耗为 35.20m^3/100km,月度平均行程、平均单耗高于限值(表3-8)。

客运车辆燃料消耗及行程月度统计表　　表3-8

序号	车牌号	月均行程(km)	月均气耗量(m^3)	单耗(m^3/100km)
1	鲁L××××1	18390	6473	35.20
2	鲁L××××9	20145	7090	35.19
平均值		19267.5	—	35.20
合计		—	13563	—

续上表

序号	车牌号	月均行程(km)	月均气耗量(m³)	单耗(m³/100km)
单耗限值(m³/100km)			30.08	
月度行程限值(km)			14000	
年替代燃料量(toe)			86	

按核算的车辆月度平均气耗量统计表核算出年度总气耗量,具体计算过程如下:

总耗气量 = 月均行程限值/100 × 单耗限值 × 2 × 12 = 101068.8m³

总气耗量 = 101068.8 × 0.714 = 72163.12kg

项目替代柴油量 = 总气耗量/当量比 = 101068.8/1.2 = 84224kg

年替代燃料量 = 项目替代柴油量 × 1.02/1000 = 101068.8 × 1.02/1000
$$= 86toe$$

CO_2 减排量 = 替代柴油量 × 3.1605kgCO_2/kg − 气耗量 × 2.184kgCO_2/kg
$$= 84224 × 3.1605 − 72163.12 × 2.184 = 108586kg$$

3.2.4 增效技术减碳能力评估方法

1)评估模型

与减量技术减碳能力评估方法类似,仍然采用参数对比方法,根据增效技术特点,选取未应用增效技术时的能耗和碳排放水平作为参照,计算增效技术应用前后的能耗差异,利用 IPCC 碳排放核算方法,得出 CO_2 减排量,研究构建技术减碳能力的评估方法。可比技术选取原则为:

(1)应选取气候、气温相似地区的项目碳排放水平进行比较;

(2)应选取相同季节的项目碳排放水平进行比较;

(3)应选取同类工作条件的项目所产生的碳排放量进行比较。

其评估方法为:

$$RC_{sm} = \Delta E_{sm} \times EF_{sm} \qquad (3\text{-}18)$$

$$\Delta E_{sm} = E_{sm0} - E_{sm} \qquad (3\text{-}19)$$

式中：RC_{sm}——第 m 类增效技术的年度减碳能力；

    ΔE_{sm}——应用第 m 类增效技术产生的节能量；

    EF_{sm}——消耗的能源对应的碳排放因子；

    E_{sm}——应用第 m 类增效技术产生的能耗量；

    E_{sm0}——未应用第 m 类增效技术的同类项目产生的能耗量。

2）典型技术评估方法研究：公路隧道通风智能控制系统

（1）公路隧道通风智能控制系统减碳能力的内涵。

公路隧道通风智能控制系统减碳能力是指针对长度在 2km 以上的隧道，利用各点分布的传感器，实时检测隧道各断面一氧化碳（CO）浓度和烟雾（VI）浓度，使风机在符合国家安全标准和隧道设计规范的前提下按照 CO/VI 浓度变频运行的公路隧道通风智能控制系统应用后，所产生的 CO_2 减排量。

（2）项目实施前基准用电量的确定。

根据项目实施后单台风机年度实际运行时间（单位：h）和该型号风机的额定功率（单位：kW），确定核算单台风机节电量的基准用电量（单位：kW·h），可进一步求得项目实施前基准用电量，其计算公式如下：

$$\text{项目实施后第 } i \text{ 台风机月均运行时间} = \left(\sum_{j=1}^{m} \text{项目实施后第 } i \text{ 台风机第 } j \text{ 月运行时间} \right) / m$$

$$(3\text{-}20)$$

$$\text{项目实施后第 } i \text{ 台风机年度运行时间} = \text{项目实施后第 } i \text{ 台风机月均运行时间} \times 12$$

$$(3\text{-}21)$$

$$\text{项目实施前基准用电量} = \sum_{j=1}^{n} (\text{第 } i \text{ 台风机的额定功率} \times$$

$$\text{项目实施后第 } i \text{ 台风机年度运行时间})$$

$$(3\text{-}22)$$

式中:m——项目实际运行月数,$m \leqslant 12$;

　　n——风机总台数。

注:①如果项目实施后运行期已满 1 年,单台风机年度运行时间可按以下计算公式计算:

项目实施后第 i 台风机年度运行时间 $= \sum\limits_{j=1}^{12}$ 项目实施后第 i 台风机第 j 月运行时间

$$(3\text{-}23)$$

②对于新建项目,项目实施前基准用电量可按以下计算公式估算。

项目实施前基准用电量 = 项目设计容量(单位:kW) ×

项目实施后风机年度运行时间　(3-24)

式中,项目设计容量可根据设计文件确定。

③对于计划实施的项目,单台风机月度运行时间可根据设计文件确定,若每月计划运行时间超过 90h,按 90h 估算。

(3)项目实施后年度用电量的确定。

根据项目改造后运行期(不超过 12 个月)单台风机各月电表记录数据,确定项目实施后单台风机年度用电量(单位:kW·h),可进一步求得项目实施后年度用电量,其计算公式如下:

项目实施后第 i 台风机月均用电量 = ($\sum\limits_{j=1}^{m}$ 项目实施后第 i 台风机

第 j 月实际用电量)/m　(3-25)

项目实施后第 i 台风机年度用电量 = 项目实施后第 i 台风机月均用电量 × 12

$$(3\text{-}26)$$

项目实施后年度用电量 = $\sum\limits_{i=1}^{n}$ 项目实施后第 i 台风机年度用电量

$$(3\text{-}27)$$

式中:m——项目实际运行月数,$m \leqslant 12$;

　　n——风机总台数。

注:①如果项目实施后运行期已满1年,可按以下计算公式计算:

$$项目实施后第 i 台风机年度用电量 = \sum_{j=1}^{12} 项目实施后第 i 台风机第 j 月实施用电量$$

$$(3-28)$$

②对于计划实施项目,项目实施后用电量可按以下计算公式估算:

$$项目实施后年度用电量 = 项目控制容量(单位:kW) \times$$

$$项目实施后风机年度运行时间 \quad (3-29)$$

式中,项目控制容量和风机年度运行时间可根据设计文件确定。若单台风机每月计划运行时间超过90h,按90h估算。

(4)项目减碳能力的确定。

项目实施后核算期(12个月)内节电量(单位:kW·h),由项目实施前基准用电量和项目实施后年度用电量共同确定。项目减碳能力(t)计算公式如下:

$$项目减碳能力 = (项目实施前基准用电量 - 项目实施后年度用电量) \times$$

$$电力排放因子 \times 10^{-3} \quad (3-30)$$

3)测算示例

某隧道等应用节能通风智能控制系统共购买智能风机172台,项目总投资598.95万元。项目建成后,根据高峰小时交通量、车辆组成、纵坡截面、车速、环境卫生标准等参数进行排烟、稀释CO,通过智能通风系统控制风机,避免24h满负荷运转的通风节能量。根据风机用电量智能通风控制系统能耗计算表(略),可计算得出:

$$项目实施前基准用电量 = 风机额定总功率 \times 项目实施后年度运行时间$$

$$= 5160kW \times 90600h = 543.73 万 kW \cdot h$$

$$项目实施后年度用电量 = \sum_{i}^{n} 项目实施后第 i 台风机年度用电量$$

$$= 192.92 万 kW \cdot h$$

$$项目节电量 = 项目实施前基准用电量 - 项目实施后年度用电量$$

$$= 543.73 - 192.92 = 350.81 万 kW \cdot h$$

$$项目减碳能力 = 项目节电量 \times 电力排放因子 \times 10^{-3}$$
$$= 350.81 \text{ 万 kW} \cdot \text{h} \times 0.6671 \text{kg}/(\text{kW} \cdot \text{h}) \times 10^{-3}$$
$$= 2340.25 \text{tCO}_2$$

3.2.5 循环技术减碳能力评估方法

1)评估模型

与减量技术减碳能力评估方法类似,仍然采用参数对比方法,根据循环技术特点,选取未采用该类技术时作为对比基准值,计算循环技术产生的节能效果,利用 IPCC 碳排放核算方法,求得其 CO_2 减排量,研究构建技术减碳能力的评估方法。

$$RC_{cn} = \Delta E_{cn} \times EF_{cn} \qquad (3-31)$$

式中:RC_{cn}——第 n 类循环技术的年度减碳能力;

ΔE_{cn}——应用第 n 类循环技术产生的年度节能量;

EF_{cn}——消耗的能源对应的碳排放因子。

说明:该计算思路仅考虑了循环技术产生的直接节能效果所产生的 CO_2 减排量,由于该类技术应用的直接效果在于节约原材料、土地和能源,能源只是其中的一小部分,对于占比更大的间接减碳效果并未考虑在内。

对于节约原材料的循环技术,间接减碳效果还包括:

(1)生产加工环节的 CO_2 减排量:主要指因利用循环材料,而减少新购原材料使用,这部分原材料的加工生产环节所消耗的能源总量和 CO_2 减排量。

(2)运输环节的 CO_2 减排量:主要指因利用循环材料,而减少新购原材料使用,这部分原材料从产地到项目所在地运输距离缩短,所产生的节能和减碳效果。

如考虑间接减碳效果,对于循环技术还应同时考虑其从废弃物到可使用材料的加工能耗和碳排放量,以及从加工产地到项目所在地的运输能耗和碳排放量。

2)典型技术评估方法研究:码头油气回收系统

(1)码头油气回收系统减碳能力的内涵。

码头油气回收系统减碳能力是指采用吸附法、冷凝法、膜法、溶剂法及复合法等处理方式进行油气回收的港口油气回收系统应用项目,包括用于码头装船过程中的油气回收系统,以及用于港区车辆加油过程的油气回收系统,其回收的油气量所产生的 CO_2 减排效果。

由于生产加工、运输等环节减排量测算难度较大,因此,本书重点关注回收的油气带来的直接减碳效果。

(2)项目回油量的确定。

根据项目投入运行后,油气回收设备所回收的各种油品的月度回油量(单位:kg),折算标准煤后加和,得出项目月度回油量(单位:kgce),进一步可求得项目核算期内(12 个月)总回油量(单位:kgce),其计算公式如下:

$$\text{项目第 } i \text{ 月回油量} = \sum_{j=1}^{m}(\text{第 } i \text{ 月第 } j \text{ 种油品月度回油量} \times$$

$$\text{该种油品折算标准煤系数}) \tag{3-32}$$

$$\text{项目回油量} = \frac{\sum_{i=1}^{n}\text{第 } i \text{ 月回油量}}{n} \times 12 \tag{3-33}$$

式中:m——项目所回收的油品品种的数量;

n——项目实际运行月数,$n \leqslant 12$。

注:对于计划实施的项目,可根据油气回收设施设备所在港区/船舶/车辆的理论年装货量(单位:kg)、油品理论油气挥发量(单位:%)及油气回收

设备回收效率(单位:%)估算项目第 i 种油品月度回油量(单位:kg),其计算公式如下:

$$油气回收设备第 i 种油品月度回油量$$
$$=该种油品理论月度装货量 \times 油气挥发量 \times$$
$$油气回收设备回收效率 \qquad (3\text{-}34)$$

式中,该种油品理论年装货量可按油气回收设备所在港区/船舶/车辆的上一年度该种油品月均吞吐量进行取值,成品油的油气挥发量参考值为 $0.08\% \sim 0.12\%$,原油的油气挥发量参考值为 $0.05\% \sim 0.08\%$,油气回收设备回收效率按照国家标准要求的95%计算。

(3)油气回收设备耗电量的确定。

根据项目中油气回收设备电表项目运行期首末次电表读数(单位:kW·h)之差,确定油气回收设备的实际用电量(单位:kW·h),据此可求得油气回收设备在核算期(12 个月)内总耗电量(单位:kgce),其计算公式如下:

$$油气回收设备实际用电量 = \sum_{k=1}^{p}(第 i 个电表末次读数 - 该电表首次读数)$$

$$(3\text{-}35)$$

$$油气回收设备耗电量 = \frac{油气回收设备实际用电量}{n} \times 12 \qquad (3\text{-}36)$$

式中: n——项目实际运行月数, $n \leqslant 12$;

$\quad p$——油气回收设备的电表个数。

(4)项目减碳能力的确定。

项目减碳能力(单位:t)可按项目回油量扣除油气回收设备耗电量计算求得,其计算公式如下:

$$项目减排能力 = (项目回油量 \times 原油排放因子 - 油气回收设备耗电量 \times$$
$$电力排放因子) \times 10^{-3}$$

3）测算示例

某原油装船油气回收工程处于试运行阶段,油气回收量根据 4 次运行数据(表3-9)估算,平均每装载 1 万 t 原油可回收油气量为 4.2t,根据统计,公司全年原油装船量为1040.9 万 t,考虑部分油轮不具备配套接口,符合回收条件的船舶约占80%,综合估算本年度可回收油气量为 3497.4t。油气回收设备耗电量根据设备功率(表3-10)和运行时间计算得到。

$$项目回油量 = 3497.4t$$

$$油气回收设备耗电量 = 设备运行功率 \times 年运行时间 = 1250kW \times 2000h$$
$$= 250 万 kW \cdot h$$

$$项目减碳能力 = 3497.4 \times 3.02 - 2500 \times 0.7035 = 10562.148 - 1758.75$$
$$= 8803.398tCO_2$$

试运行阶段码头油气回收数据统计　　　　表 3-9

日期	码头	船名	船方油气管线（寸）	油品名称	油品温度（℃）	油品密度（g/cm³）	装油数（t）	烃浓度（%）	回收量（kg）	运行时间
2018.8.20	2 号	船 A	12	DJENO	31.92	0.89	32000	12	12000	16h
2018.9.13	2 号	船 B	16	CABINDA	37	0.853	30000	20	16000	9h30min
2018.9.19	1 号	船 C	16	QARUN	36.2	0.848	18000	19	10000	10h25min
2018.9.28	1 号	船 D	16	BUATIFEL	50.8	0.819	13148	18	3000	7h20min

注:1 寸≈3.33cm。

油气回收设备电气负荷明细表

表 3-10

设备名称	负荷等级	电力设备			运转设备台数			计算负荷			备注
		型号	容量(kW)	电压(kV)	常用	间断	备用	功率因数	P(kW)	Q(kvar)	
			轴 / 额定								
油气输送风机	III	—	93.5 / 110	0.38	1	—	—	0.89	100.2	52.2	—
油气输送风机	III	—	63.75 / 75	0.38	1	—	—	0.9	70.4	34.5	—
真空泵	III	—	93.5 / 110	0.38	3	1	—	0.89	300.7	157	—
乙二醇输送泵	III	—	9.35 / 11	0.38	2	—	—	0.89	21.45	11.1	—
分离液泵	III	—	1.35 / 1.5	0.38	1	—	—	0.85	1.672	1.05	—
分离液泵	III	—	1.35 / 1.5	0.38	1	—	—	0.85	1.672	1.05	—
真空泵	III	—	93.5 / 110	0.38	2	—	—	0.89	200.5	104	—
压缩机	III	—	198 / 220	0.38	1	—	—	0.9	208.5	99.8	—
仪表风压缩机	III	—	15.73 / 18.5	0.38	1	—	—	0.9	17.61	8.43	—
微热再生式干燥器	III	—	1.8 / 2	0.38	1	—	—	0.88	2.185	1.21	—
风冷冷水机组	III	—	63.75 / 75	0.38	1	—	—	0.9	70.4	34.5	—
冷水循环泵	III	—	9.35 / 11	0.38	1	1	—	0.89	10.73	5.47	—
逆流式冷却塔	III	—	1.8 / 2	0.38	4	—	—	0.88	8.74	4.84	—
循环水泵	III	—	38.25 / 45	0.38	1	1	—	0.89	42.16	22.2	—
综合水处理器	III	—	0.72 / 0.8	0.38	1	—	—	0.86	0.923	0.56	—
锅炉风机	III	—	76.5 / 90	0.38	1	—	—	0.91	83.96	39	—

续上表

设备名称	负荷等级	电力设备				运转设备台数			计算负荷			备注
		型号	容量(kW)		电压(kV)	常用	间断	备用	功率因数	P(kW)	Q(kvar)	
			轴	额定								
仪表用电	III	—	25.5	30	0.38	1	—	—	0.85	25.5	15.8	—
检修用电	III	—	0	25	0.38	1	—	—	0.85	0	0	—
抽凝液泵	III	—	1.8	2	0.38	1	—	—	0.86	2.185	1.3	—
变配电室用电	III	—	70	70	0.38	1	—	—	0.85	70	43.4	—
照明	III	—	10	10	0.22	1	—	—	0.85	10	6.2	—
380V 负荷小计	—	$K_e = 1$	—	—	—	—	—	—	0.89	1250	643	—
计及综合系数 K_e 后小计	—		—	—	—	—	—	—	0.89	1250	643	—
无功补偿 300kvar 后	—		—	—	—	—	—	—	0.96	1250	343	—

3.3 本章小结

本章重点对交通运输减碳技术路径和减碳能力评估方法进行研究,前期研究的成效主要体现在以下 3 个方面:一是支撑交通运输部节能减排主管部门完成交通运输节能减排专项资金项目的审核和审批等管理工作,编制形成的 2012—2016 年度《交通运输节能减排项目节能减排量或投资额核算技术细则》,交通运输部级各类项目核算方法被应用超过 2000 次,每年产生直接节能量 63.13 万 tce、替代燃料量 241.93 万吨标准油、减少二氧化碳排放量约 371.55 万 t,实现增效技术投资 66.20 亿元,引导社会绿色降碳投资超过 3000 亿元。二是支撑地方和企业完成了 2012—2019 年专项资金支持项目的申请和考核验收,特别是支撑了河南、江苏等地区以及中国交通建设集团有限公司等交通运输企业,开展绿色低碳交通试点示范项目建设工作,为地方专项资金的分配提供了基础依据。三是公开出版专著《交通运输节能减排项目节能减排量或投资额核算技术细则》,填补测算方法空白,提升交通运输绿色低碳测算方法的科学性、规范性和可操作性。

4 交通运输技术减碳资金政策设计研究

交通运输减碳技术的实施是一项复杂的系统工程,覆盖公路交通运输行业、水路交通运输行业和港口生产行业,涉及基础设施、机械设备、运输工具、信息化管理工具等交通运输行业全要素,同时又与各级政府部门、科研单位、企业主体、行业协会、社会公众等各类社会主体密切相关。从推动技术降碳的手段方面,资金投入政策已被理论和实践证明是最重要的推动力之一。经国务院批准,中央财政从一般预算和车辆购置税中安排资金用于支持公路水路交通运输节能减排工作。如何发挥出资金引导政策进而推动交通运输技术降碳的最大效益,并保证"公平、公正、公开",编写组从三个层面开展了资金政策设计研究,研究主要从三个层面展开:一是从体制和机制角度设计管理政策,通过调动各方积极性,形成各方力量积极参与、共同推进技术降碳的体制机制。二是从资金管理角度设计激励方式,形成一般项目、区域性主题性项目和能力建设项目的奖补管理,保证资金使用安全,实现财政资金最佳激励效果。三是从节能减碳效果角度,设计考核评价体系,评估资金引导技术降碳的效果。三方面政策的设计环环相扣、相互支撑,形成一个统一的有机整体。

4.1　管理政策设计

4.1.1　交通运输节能减排工作中的主体及其作用特点

交通运输节能减排工作中涉及众多参与主体,包括政府、科研服务机构、企业、社会公众等,他们在各自的职责中发挥了不同作用,其行为方式对节能减排工作顺利实施产生了重要影响。

1)政府

政府作为社会公共利益代言人,能够从经济、社会和环境保护的长期、整体利益出发,规划和设计符合当前和长远目标的国家发展战略,并以此推进符合社会导向的行为活动。节能减排工作的开展需要大量的社会投入,企业主体由于经济利益目标的驱使,普遍存在关注自身经济效益而忽视社会和环境效益的问题;社会大众对节能减排工作也因认识不足或能力有限,往往持被动观望或消极态度,导致节能减排领域,特别是降碳的"市场失灵"问题突出。政府有别于企业等主体的经济利益目标的追求,其追求的公共利益目标正好弥补"市场失灵"。在节能减排工作中常常起到主推手的作用。

2)科研服务机构

科研或服务机构必然要承担相关产品和技术的研发、咨询服务工作,同时也借此提高科研机构自身的科研能力和水平。在这一过程中,科研服务机构作为"理性人",其决策也是以个体效用的最大化为目标,既要考虑研发过程的不确定性和研发资金的不确定性,也要考虑研发成果的外溢性。在不考虑政府与相关企业资金资助的情况下,如果其研发成果所具有的知识产权或者研发成果的产业化应用后所获得的经济收益不足以弥补不确定因素带来的成本,科研服务机构也会缺乏研发节能减排相关产品和技术服务的积极主动性。

3)企业

企业作为一个独立的经济实体,在市场经济中获取更多利润是其进行生产经营活动的主要动力。如果其投入不能带来利益或不足以弥补投资成本,按照"理性人"的思维,那么他们不会主动去做。在政府不进行政策调控的情况下,企业开展节能减排工作所增加的成本要么自己消化,要么提价由下游产业或最终由消费者来承担。若企业积极参加节能减排相关的工作,企业可以从中得到一些无形的资产,比如企业社会形象的提升、培养自己成熟的技术队伍等。综合考量有形损失和无形的收益之后,企业有可能参与节能减排工作,但必须有个前提,即政府会采取适当的方式激励开展节能减排工作,将其实施节能减排的收益提高到足以弥补投入的成本,甚至产生部分利润。只有这样,作为"理性人"的企业才有可能真正地认真开展节能减排工作。

4)社会公众

社会公众包括个人和社会群体。他们与能源消费有着直接或间接的关系,是节能减排工作的基层实施者和直接受益者。社会公众的能源消费观念和意识对节能减排工作的顺利开展具有重大意义,具体表现在:一是通过改变与能源相关的行为习惯或改进行为技术,从而降低单位产值能耗,实现节能减排;二是通过使用优质清洁能源或清洁节能型产品,实现节能减排。从"理性人"的思维看,消费者作为一个单独的经济个体,其决策将以个体效用的最大化为目标。由于清洁节能型产品和非清洁节能型产品在功能上是完全可替代的,消费者显然不会主动购买价格高的清洁节能型产品。目前,节能减排先行国家解决能源瓶颈问题的思路已逐渐从传统的增加供给转向对需求的管理。通过深入理解并掌握消费主体的需求行为,把握其规律性,促使消费者合理用能、适度用能,尽可能在不影响生产生活的前提下节约能源。

综上所述,政府的决策应从企业、社会公众和科研服务机构三方着手,一方面引导和激励企业积极参与节能减排工作,另一方面引导和激励社会公众转变能源消费观念和意识,从而增加对清洁能源或清洁节能型产品的需求。同时,也鼓励科研服务机构积极开展节能减排相关产品和技术的研发、咨询服务工作。企业与科研服务机构也存在着一种拉动作用。企业觉得市场有利可图,就会投资给科研服务机构进行研发或服务;科研服务机构在有利可图刺激的基础上,也会尽快尽好地研究出成本降低的节能减排相关技术或产品,然后转移给企业,使企业利润得到大幅度增长。同时,科研服务机构也会为社会公众提供节能减排的相关知识和咨询服务工作。如此,在这些行为主体的共同努力下,节能减排工作才能真正有效开展。

4.1.2 制度和机制的设计

1）制度设计理论依据

促使节能减排工作中所有涉及的能够发挥推动作用的主体发挥出最大的正向激励作用是制度设计的主要目标。这种促使产生激励作用的制度体系称为激励机制，是激励主体为了调动激励客体的积极性，使其达到期望目标而设计的一套理性化的制度。从管理学角度来看，组织建立激励机制是指运用各种有效的方法激发对象的积极性和创造性，为完成组织任务、实现组织目标而努力工作。一般来说，激励机制是正激励（奖励）制度和负激励（惩罚）制度的有机统一。两者犹如胡萝卜与大棒，在实现管理目标时缺一不可。正激励和负激励作为两种相辅相成的激励类型，是从不同的侧面对人的行为起强化作用。在管理中，两者相互联系、相互补充、辩证统一。

之所以产生正激励或负激励的区分，是因为作为"理性人"的各主体存在信息不对称的问题。在此情况下形成的激励关系，成为事实上的委托-代理关系。在信息经济学文献中，常常将博弈中拥有私人信息的参与人称为"代理人"，不拥有私人信息的参与人称为"委托人"。由于节能减排工作涉及面广、技术多样、主体众多，信息不对称现象突出，委托-代理理论可以较好地指导节能减排工作体制机制的设计。

2）委托-代理理论的基本模型

委托-代理理论模型化要解决的问题是：委托人想使代理人按照自己的利益选择行动，但委托人不能直接观测到代理人的行动和其他外生的随机因素，这为代理人行动的不完全信息。委托人的问题是设计一个激励契约，即根据观测到的信息来奖惩代理人，以激励代理人选择对委托人最有利的行动。激励契约的设计方式包括：第一，通过制度设计使得代理人不得不向委托人透露真实的信息；第二，通过制度设计使代理人自愿选择对委托人有利的行动。

委托人设计的激励契约必须满足以下三个条件：第一，激励相容约束即委托人在激励契约中为代理人设计的行动能使代理人获得最大期望效用。除此之外,代理人选择其他行动均不能达到其效用最大化。第二,参与约束即代理人从接受契约中得到的期望效用不能小于不接受契约时能够得到的最大期望效用(保留效用)。第三,委托人从该激励契约中能够获得的最大期望效用。

3)节能减排工作中委托-代理模式

在交通运输节能减排专项资金的委托-代理模式中,以上三个问题得到了较好的解决,因而形成了独具特色的节能减排管理制度和模式。其主要制度特点如下:

(1)成立节能减排项目管理中心。2011年,根据《关于成立交通运输部科学研究院交通运输节能减排项目管理中心的批复》(厅人劳字〔2011〕51号),交通运输部科学研究院筹备组建交通运输节能减排项目管理中心。2016年,交通科技发展促进中心成立,原交通运输节能减排的职能并入该中心。

(2)第三方节能减排审核机构认定。依据《交通运输节能减排第三方审核机构认定暂行办法》,第三方机构在节能减排量核定方面起到了积极的作用,解决了众多技术难题。

(3)组建了300多人的绿色交通专家库,形成了一批熟悉交通运输节能减排专项资金管理制度和技术要求的专家队伍。

(4)引导省级交通运输主管部门设立交通运输节能减排项目管理部门。各省(自治区、直辖市)设立交通运输节能减排项目管理中心或依托省(自治区、直辖市)科研院所成立管理中心。

建立以上机构后,财政部、交通运输部,省级交通运输主管部门、财政部门,部属科研单位,第三方审核机构,交通运输"车船路港"千家企业,社会民众,行业协会等各组织团体密切联系到一起,形成了交通运输节能减排资金管理的有机实施机制(图4-1)。

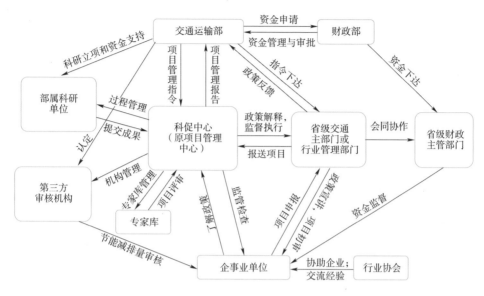

图 4-1 交通运输节能减排管理体制机制运行图

4)管理政策取得的成效

(1)调动了行业开展节能减排工作积极性。一是充分调动了地方交通运输主管部门节能减排工作积极性,促使节能减排工作机构、人员、经费等工作机制和保障措施不断完善。配合中央财政专项资金的设立,江苏、重庆、河南等地也设立了专项资金或节能减排工作经费,加大了政府财政资金的投入力度。北京、江苏、四川、云南、湖南等地还设立了专门的节能减排决策辅助和支撑机构。二是充分调动了交通运输企事业单位节能减排工作积极性。2011—2014 年,专项资金支持项目逐年增加,具体支持项目从 200 个逐步增加到 1000 个以上。专项资金虽然设立时间短,资金总量有限,但是充分调动了企业开展节能减排工作的积极性。专项资金已经成为行业主管部门推动节能减排管理工作的有效激励"硬"手段,也使企业的干劲更足了。

(2)培养了一支行业节能减排专业技术队伍。交通运输部根据《交通运输节能减排第三方审核机构认定暂行办法》,认定了 23 家交通运输节能减排第三方审核机构,对一般性项目和区域性主题性项目进行节能减排量审核;精心筛选了300多位行业节能减排有关领域专家,形成节能减排专家库,对专项资金支持项目进行评审;加强与国家发展改革委能源所、国务院发展研究中心、中国科学院、清华大学等一大批行业外研究机构和院校合作,为区域性主题性试点工作和能力建设项目提供技术支撑。行业的科研力量和技术资源逐步向节能减排领域倾斜,逐步形成了一支节能减排专业技术队伍,为推动绿色低碳交通运输体系建设提供了人才支撑。

(3)形成一系列管理政策工具箱(表4-1)。在管理政策设计架构下,围绕交通运输节能减排专项资金的管理,形成了整套的管理文件和技术文件,构建了一整套管理政策工具箱,有效保障了专项资金支持项目的管理,同时也为相关部门的资金政策制定提供了参考。

交通运输节能减排管理政策工具箱 表4-1

工具类别	名称	发文机构
资金奖补项目管理	《交通运输节能减排专项资金管理办法》(财建〔2011〕374号)	财政部、交通运输部
	《车辆购置税收入补助地方资金管理暂行办法》(财建〔2014〕654号)	财政部、交通运输部、商务部
	《交通运输节能减排专项资金支持区域性、主题性项目实施细则(试行)》(厅财字〔2012〕251号)	财政部、交通运输部
	《交通运输节能减排能力建设项目管理办法(试行)》(厅政法字〔2012〕252号)	交通运输部
申请文件	《交通运输节能减排专项资金申请指南(2011年度)》(厅政法字〔2011〕137号)	交通运输部、财政部
	《交通运输节能减排专项资金申请指南(2012年度)》(厅政法字〔2011〕292号)	交通运输部、财政部

续上表

工具类别	名称	发文机构
申请文件	《交通运输节能减排专项资金申请指南（2013年度）》（厅政法字〔2012〕245号）	交通运输部、财政部
	《交通运输节能减排专项资金申请指南（2014年度）》（厅政法字〔2013〕330号）	交通运输部、财政部
	《交通运输节能减排专项资金申请指南（2014年度）》（厅政法字〔2014〕330号）	交通运输部、财政部
	《2015年度车辆购置税收入补助地方资金用于交通运输节能减排、公路甩挂运输试点、老旧汽车报废更新项目申请指南》（财办建〔2015〕13号）	交通运输部、财政部
	《靠港船舶使用岸电2016—2018年度项目奖励资金申请指南》的通知（交规划函〔2017〕100号）	交通运输部
验收文件	《关于开展区域性主题性交通运输节能减排项目2017—2019年考核工作的通知》（交办规划函〔2017〕959号）	交通运输部
第三方管理	《交通运输节能减排第三方审核机构认定暂行办法》（厅政法字〔2012〕259）	交通运输部
	《交通运输部关于公布交通运输节能减排第三方审核机构名单的通知》（交政法发〔2013〕4号）	交通运输部
配套技术文件	《绿色交通示范项目专家库管理办法》	交通运输节能减排项目管理中心
	《绿色交通项目考核验收管理规则（试行）》	交通运输节能减排项目管理中心

续上表

工具类别	名称	发文机构
配套技术文件	《绿色交通省(城市、公路、港口)项目考核评价指标体系》	交通运输节能减排项目管理中心
	《交通运输节能减排专项资金支持项目节能减排量或投资额核算细则》	交通运输节能减排项目管理中心
	《绿色交通项目方案编制指南》	交通运输节能减排项目管理中心
评审手册件	一般性项目评审文件(会议指南、专家手册、备查文件)	交通运输节能减排项目管理中心
	区域性主题性项目评审文件(会议指南、专家手册、备查文件)	交通运输节能减排项目管理中心
	能力建设项目评审文件(立项评审和竞争性评审专家手册)	交通运输节能减排项目管理中心

4.2 奖补政策设计

2011年交通运输节能减排专项资金设立以后,通过什么样的项目管理方式能够实现专项资金效益最大化,最好地推动交通运输节能减排事业发展是课题组始终关心和研究的重点内容。在奖补政策设计中,有三个问题始终是政策设计遵循的原则:

一是最大程度发挥资金的奖励作用。专项奖励资金的主要作用就是通过调动节能降碳的各相关主体积极推进交通运输节能减排事业发展,在顺畅的机制运行中实现激励相容,那么最核心就是对节能减排主体的企事业单位实现激励,奖补标准的制定就成为关键问题之一。如果补贴额太多,企业积极性将极大调动,但政府财政的压力将变大;而补贴额偏少,就难以对企业实现有效激励,最终也难以达到资金效益最大化的目的。

二是补贴政策中资源分配问题。节能减排工作中包括研发、生产、消费等各个环节,同一政策措施对各个环节的激励作用不可能完全一致,有的可能在某一环节会产生较大的激励作用,在其他的环节则可能不明显;同时,各个环节之间具有某种程度的联动性,对代理人在某一环节补贴激励的多少,也势必会对其他环节的努力程度产生影响。政策设计应当考虑到各个环节的激励作用,实现各参与主体的激励相容。这在本质上是政府确定资源在各环节的合理配置,最终实现整体效益的最大化。

三是监督的问题。奖补政策涉及的工作流程中,各主体实际体现出的就是委托-代理关系,保障这种委托代理关系始终处于有效的运行状态,监督是不可或缺的。这就要求奖补政策在设计实现激励作用的同时解决好监督的问题。在不对称信息的情况下,政府不能观测到代理人所采取的具体行动,代理人可能采取"偷懒"或其他影响组织效率的机会主义行为满足自身目标。为避免政府追求的利益目标受损,政府有必要对代理人加以监督,以获知其真实状况。

4.2.1 奖补政策框架体系

在以上奖补政策的设计原则下,奖补政策形成了四种项目管理方式:一般项目、区域性项目、主题性项目、能力建设项目,并形成了各自独立又相互联系的奖补政策体系。

一般项目,是指由企事业单位实施的采用某一项节能减碳技术的项目。项目的基本特征是对某一项节能减排技术的研发应用,通常由企事业单位独立完成。如天然气车辆在道路运输中的应用项目、靠港船舶使用岸电技术应用项目、营运船舶和施工船舶节能减排改造技术应用项目、营运车辆和港口智能化运营管理系统应用项目等。

区域性项目,是指由交通运输部批准,在某一具体行政区域内,以其交通运输主管部门为实施主体,符合交通运输部《建设低碳交通运输体系指导意见》相关要求的交通运输节能减排项目。如江苏省绿色交通省区域性项目、山东省绿色交通省区域性项目、北京市绿色交通城市区域性项目等，其实施主体的省（自治区、直辖市）交通运输厅或城市交通局（委），实施覆盖区域为实施主体所管辖的行政区域。这类项目以《建设低碳交通运输体系指导意见》编制的实施方案为依据，并按照实施方案的目标和任务开始低碳项目建设的体系性项目。该项目内可能还包含若干低碳交通城市、低碳公路、低碳港口及能力建设项目等类型，具有鲜明的集成特点。

主题性项目，是指由交通运输部批准，某一具体行业领域内，以其交通运输行业管理部门为实施主体，符合交通运输部《建设低碳交通运输体系指导意见》相关要求的节能减排项目。如天津港绿色港口主题性项目，该项目是以天津市港航管理局为实施主体，以《建设低碳交通运输体系指导意见》作为编制的实施方案的依据，开展绿色港口建设形成的绿色港口项目，该项目系统地包含了若干技术应用及管理的改进甚至结构的调整，是全方位的建设试点示范项目。再如吉林鹤大高速绿色公路主题性项目等，是以吉林省高等级公路建设局为实施主体，以《建设低碳交通运输体系指导意见》编制的实施方案为依据，并落实实施方案的目标和任务，形成多种技术同时应用的整条公路工程绿色建设项目。主题性项目具有明显的低碳技术集成应用的特点。

能力建设项目，指交通运输节能减排能力建设项目，是为推进低碳交通运输体系建设，按照专项资金管理办法支持范围的要求，组织开展的交通运输节能减排标准、统计、监测、考核、评价体系建设，以及基础性、战略性、前瞻性研究等。能力建设项目设立的目的是提升行业节能减排管理和创新能力，有效地支撑交通运输部开展的低碳交通运输体系建设，相关研究成果也为区域性主题性项目的实施提供了技术支持。能力建设项目承担单位主要为交通运输部下属科研单位。不同项目管理方式的相互关系如图 4-2 所示。

4.2.2　奖补项目实施设计

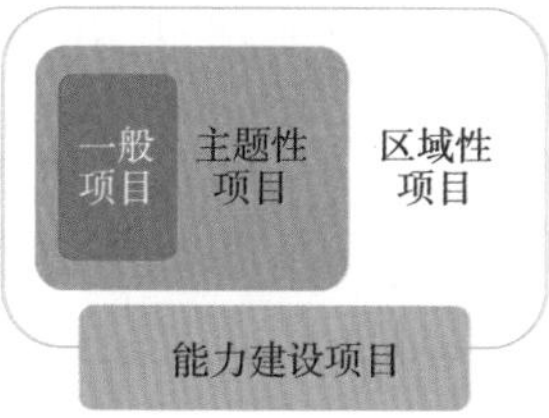

1）一般项目

2011 年,财政部、交通运输部联合印发
《交通运输节能减排专项资金管理暂行办
法》(财建〔2011〕374 号),将"以奖代补"一

图 4-2　一般项目、区域性及主题性
项目和能力建设项目关系

般项目奖补政策内容纳入政府文件,开启了交通运输行业奖补政策实施。
一般项目的"以奖代补"政策就是通过奖励方式对已经实施完成并取得良好
效果的节能减排项目进行补助。

一般项目奖补政策特点如下:

(1)支持的对象为开展公路水路交通运输节能减排工作的企事业单位,
重点是国务院文件和公路水路交通运输节能减排专项规划确定的重点项目实
施单位和参加"车、船、路、港"千家企业低碳交通运输专项行动的企事业单位。

(2)支持的项目是已经实施完成并交工验收,取得良好效果的节能减排
项目。同时,项目应具备一定的条件,如符合指南确定的优先支持领域、具
有明显的节能减排效果或对交通运输节能减排有明显促进作用、具有完整
的审批手续和完工时间在申请指南规定时间范围内、无知识产权纠纷、未获
得过交通运输节能减排专项资金补助,未享受过其他中央财政节能减排资
金支持。

(3)专项资金申请主体必须具有独立法人资格,且为企事业单位,不接
受政府部门和社会团体的申报申请。

(4)补助额度由财政部、交通运输部根据项目性质、投资总额、实际节能
减排量以及产生的社会效益等综合测算确定补助额度。

(5)奖补的标准。对节能减排量可以量化的项目,奖励资金原则上与节
能减排量挂钩,对完成节能减排量目标的项目承担单位给予一次性奖励。
根据年节能量按每吨标准煤不超过 600 元或采用替代燃料的,按被替代燃

料每吨标准油不超过 2000 元给予奖励,对单个项目的补助原则上不超过 1000 万元。对于节能减排量难以量化的项目,可按投资额的一定比例核定补助额度,补助比例原则上不超过设备购置费或项目建筑安装费的 20%;对单个项目的补助额度原则上不超过 1000 万元。

一般项目"以奖代补"实施过程如下:

(1)每年底,交通运输部根据公路水路交通运输节能减排专项规划确定的重点任务、重点工程以及交通运输部年度节能减排重点工作,发布下一年度节能减排重点支持项目申请指南。

(2)符合申请条件的项目,项目承担单位按照项目指南的有关要求填报材料,连同第三方机构出具的项目节能减排量审核意见,报所在省(自治区、直辖市)交通运输主管部门进行初审。

(3)各省(自治区、直辖市)交通运输部门审核汇总后,会同同级财政主管部门报交通运输部、财政部。

(4)交通运输部对申请材料进行审核,提出专项资金支持项目建议,报财政部审核。

(5)财政部对专项资金项目进行审核后,将专项资金下达有关省(自治区、直辖市)财政主管部门,同时抄送交通运输部。各省(自治区、直辖市)财政主管部门应及时将专项资金拨付到项目承担单位,具体资金支付按照财政国库管理制度有关规定执行。

项目实施过程如图 4-3 所示。

为配合资金管理暂行办法,每年交通运输部均发布《交通运输节能减排专项资金申请指南》。该指南在《交通运输节能减排专项资金管理暂行办法》的基础上,根据国家有关节能减排政策以及交通运输节能减排工作的总体部署和重点任务,确定了年度专项资金优先支持领域,并且明确了专项资金项目需符合的基本条件、需提交的相关材料以及申请与审核工作具体操作程序等。

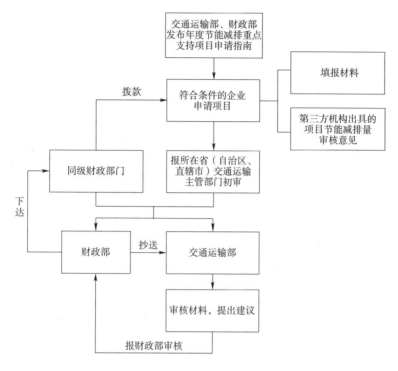

图 4-3　项目实施过程

2）区域性项目

为了实施区域性主题性项目的"以奖代补"政策，2012 年，交通运输部首先选定了南昌市开展试点，印发《交通运输节能减排专项资金支持区域性、主题性项目实施细则（试行）》（厅财字〔2012〕251 号），并结合当年专项资金《申请指南》落实奖补政策。2013 年，试点范围进一步扩大，交通运输部将北京、重庆、深圳、厦门、杭州、贵阳、保定、无锡、武汉确定为绿色交通城市试点城市。2014 年，交通运输部启动了江苏绿色交通省区域性项目创建工作，并确定了济源、邯郸、鞍山、蚌埠、南平、烟台、天津 7 个绿色交通城市开展试点创建工作。2015 年，交通运输部将浙江、山东、辽宁省确定为绿色交通省区域性项目，株洲、遵义、郑州、西安、乌鲁木齐、桂林、廊坊、西宁、乌海、兰州 10 个区域性项目开展绿色交通城市创建工作。

区域性项目奖补政策强调了整体规划的重要性,要求项目实施前按照要求编制实施方案。在申请主体上,由省级交通运输主管部门作为申请主体,省级交通运输主管部门组织实施单位实施,绿色交通省(自治区、直辖市)实施单位与申请单位合一;绿色交通城市方面,由省级交通运输主管部门申请并组织城市交通主管部门实施,项目内包含的具体一般项目则由企事业单位承担实施;在奖补资金划拨程序上根据项目进展多次拨付,实施方案评审通过确立试点后预拨付不超过补助总额的40%,具体数额根据当年财政预算执行,项目实施完成中进行清算。奖补的标准和核算方法与一般项目相同。

项目的实施过程是由项目实施单位编制项目实施方案,经专家评审。交通运输部根据专家评审意见、实施方案、节能量等因素核定试点方案资助额度,列入专项资金支持计划。项目的实施流程为:

(1)项目申请。省级交通运输主管部门按要求提出区域性项目建设申请,由交通运输部会同财政部确定。

(2)编制实施方案。省级交通运输主管部门组织实施单位,对拟建设的区域性编制实施方案,并出具节能减排项目投资额和节能减排量报告。省级交通运输主管部门对实施方案和报告进行初审后,报交通运输部。

(3)方案评审。交通运输部委托交通运输节能减排项目管理中心组织专家对实施方案进行评审,重点审查实施方案编制是否符合《建设低碳交通运输体系指导意见》要求,节能减排项目安排是否可行、合理;实施方案根据专家意见完善后,报交通运输部、财政部审定。

(4)确定资金方案。交通运输部根据实施方案内容编制专项资金支持方案,首次拨付资金,纳入同期交通运输节能减排专项资金项目下达预算申请,公示期满无异议的,报财政部。

(5)资金下拨。财政部对交通运输节能减排专项资金项目下达预算申请审核后,将专项资金下达到实施单位所在地同级财政主管部门,并将专项资金下达结果抄送交通运输部。

（6）资金使用。省级交通运输主管部门、财政主管部门组织实施单位及同级财政主管部门编制具体的资金使用方案，并将资金安排使用情况报交通运输部、财政部。实施单位同级财政主管部门按照国库管理制度有关规定，专款专用，并根据专项资金使用方案，将专项资金及时拨付给项目具体承担单位。

（7）考核。区域性项目实施完成后，由交通运输部组织专家或专业机构组成考核组进行现场考核，依据相关低碳交通运输评价指标体系，重点对实施方案所设目标以及具体项目完成情况进行考核，并出具考核报告。

（8）清算。交通运输部根据考核报告编制专项资金支持结算方案，结算方案根据项目和节能减排目标完成情况等确定，末次拨付资金，纳入同期交通运输节能减排专项资金项目预算申请，公示期满无异议的，报财政部审核，并执行相关资金拨付程序。

3）主题性项目

主题性项目在奖补政策特点上与区域性项目一致，其主要区别在于局限于某一领域，如公路、港口领域，通常项目不再包含其他主题性项目，只包括计划实施的一般项目类型。同时，申报和实施主体为行业管理部门，部分没有行业管理部门的地区实施主体为大型骨干企业主体，如中国交通建设集团有限公司的项目。2012年，将连云港港绿色港口创建作为主题性项目首个试点。2013年，扩大了试点范围，在天津港、青岛港、招商国际蛇口集装箱港等3个港口，京港澳高速公路、宁宣高速公路、三淅高速公路、广中江高速公路、麻昭高速公路、成渝高速公路等7条公路开展试点工作。2014年，将鹤大高速公路、昌樟高速公路、道安高速公路、花久高速公路、港珠澳大桥5个绿色公路创建项目和广州港、大连港、福州港、日照港4个绿色港口创建项目纳入支持范围，另外将各省（自治区、直辖市）实施期限为1年的天然气车辆船和营运（施工）船舶节能技术改造类作为主题性项目进行奖补，完成29个天然气车船项目和7个营运（施工）船舶节能技术改造主题性项目。

2015 年,将岳西至武汉高速公路、广佛肇高速公路(肇庆段)、盘兴高速公路、南益高速公路、香丽高速公路、柳州至南宁高速公路、连霍国道主干线兰州南绕城高速公路、黄延高速公路扩能工程、唐山港京唐港区、上海港、岳阳港列为主题性项目。

项目特点和实施过程与区域性项目相同。项目的实施流程为:

(1)项目申请。省级交通运输主管部门按要求提出主题性项目建设申请,由交通运输部会同财政部确定。

(2)编制实施方案。省级交通运输主管部门组织实施单位,对拟建设的主题性项目编制实施方案,并出具节能减排项目投资额和节能减排量报告。省级交通运输主管部门对实施方案和报告进行初审后,报交通运输部。

(3)方案评审。交通运输部委托交通运输节能减排项目管理中心组织专家对实施方案进行评审,重点审查实施方案编制是否符合《建设低碳交通运输体系指导意见》要求,节能减排项目安排是否可行、合理;实施方案根据专家意见完善后,报交通运输部、财政部审定。

(4)确定资金方案。交通运输部根据实施方案内容编制专项资金支持方案,首次拨付资金,纳入同期交通运输节能减排专项资金项目下达预算申请,公示期满无异议的,报财政部。

(5)资金下拨。财政部对交通运输节能减排专项资金项目下达预算申请审核后,将专项资金下达到实施单位所在地同级财政主管部门,并将专项资金下达结果抄送交通运输部。

(6)资金使用。省级交通运输主管部门、财政主管部门组织实施单位及同级财政主管部门编制具体的资金使用方案,并将资金安排使用情况报交通运输部、财政部。实施单位同级财政主管部门按照国库管理制度有关规定,专款专用,并根据专项资金使用方案,将专项资金及时拨付给项目具体承担单位。

(7)考核。主题性项目实施完成后,由交通运输部组织专家或专业机构组成考核组进行现场考核,依据相关低碳交通运输评价指标体系,重点对实施方案所设目标以及具体项目完成情况进行考核,并出具考核报告。

(8)清算。交通运输部根据考核报告编制专项资金支持结算方案,结算方案根据项目和节能减排目标完成情况等确定,末次拨付资金,纳入同期交通运输节能减排专项资金项目预算申请,公示期满无异议的,报财政部审核,并执行相关资金拨付程序。

实施期限为 1 年的天然气车船和营运船舶施工船舶改造项目本质上是该技术应用的项目集合,通常当年给予清算。

4)能力建设项目

2012 年,交通运输部和财政部共同在交通运输节能减排专项资金中设立了交通运输节能减排能力建设项目,并印发《交通运输节能减排能力建设项目管理办法(试行)》(厅政法字〔2012〕252 号)予以补助管理。交通运输节能减排能力建设是指为推进低碳交通运输体系建设,提升行业节能减排管理和创新能力,按照专项资金管理办法支持范围的要求,组织开展的交通运输节能减排标准、统计、监测、考核、评价体系建设,以及节能减排基础性、战略性和前瞻性研究等。

2013 年,交通运输部法制司带领管理中心编制了《关于进一步推进交通运输节能减排能力建设的工作计划》,明确了能力建设项目选题主要面向 8 个方面。截至 2015 年,围绕 8 个方面的重点领域,69 个项目立项并完成交通运输节能减排能力建设项目,上述项目一直围绕政策法规、标准监测、评价考核三大体系建设而开展,初步构建了绿色交通制度框架体系、节能减排标准体系和绿色交通评价考核体系,完成了统计监测基础研究和试点工作,并且开展了节能减排科研成果的推广应用、应用市场机制推进交通运输节能减排、应对国际航运节能减排谈判和节能减排储备性政策研究等多项基础性、前瞻性研究。

能力建设项目按照科研项目流程进行管理,包括项目立项、实施和验收管理,主要流程如下。

项目立项阶段：

（1）交通运输部节能减排主管部门根据交通运输节能减排规划确定的目标、任务，结合节能减排工作的实际，于每年10月组织研究确定下年度项目。

（2）相关单位根据部节能减排主管部门确定的项目，编制项目可行性研究报告。交通运输部节能减排主管部门采取招标或专家评审等方式对可行性研究报告进行评议，择优确定项目承担单位。

（3）通过招标或专家评审的项目列入年度交通运输节能减排专项资金计划，报财政部审核。

（4）经财政部审核的项目，由部节能减排主管部门（甲方）与承担单位（乙方）签订《交通运输节能减排能力建设项目任务书（合同）》。

项目实施阶段：

（1）项目承担单位应编制研究工作大纲，并于签订任务书后1个月内完成大纲评审工作，报管理中心备案。

（2）根据项目进度安排，由管理中心组织对项目的执行情况、中期成果和经费使用情况等进行检查，形成会议纪要和专家意见处理表，并于项目完成时作为验收材料。

（3）跨年度的项目实行年度报告制度，项目第一承担单位应于当年11月30日前向管理中心报送项目执行情况报告。

（4）项目实施期间，如需对项目的考核目标、研究内容、负责人、完成时间等重要事项作调整或变更的，由项目第一承担单位向部节能减排主管部门提出申请，经批准后方可变更。

（5）对于未能及时上报项目执行情况报告或擅自变更任务书的承担单位，交通运输部节能减排主管部门将予以通报批评，并记入信用记录。

项目验收阶段：

（1）项目承担单位应在项目完成后一个月内提出验收申请，并按规定向管理中心提交验收材料。符合验收条件的，交通运输部节能减排主管部门对项目组织验收;对不符合验收条件的项目,部节能减排主管部门将责令承担单位限期整改。

(2)项目验收以任务书确定的研究内容和考核目标为基本依据,主要对项目研究工作是否达到任务书约定的目标和要求,研究成果的实用性、创新性、先进性和社会效益等方面作出客观、公正的评价。

(3)项目验收一般采取专家会议评审方式,并形成验收意见。通过验收的项目由部节能减排主管部门向第一承担单位下达验收意见通知书。

在资金使用方面,要求项目承担单位严格按照国家有关财务规定使用项目经费,做到专款专用。

4.2.3　项目成效

1)一般项目效果分析

一般性项目奖补支出 11.7251 亿元,支持了包括节能照明技术应用,清洁能源(可再生能源)应用,温拌沥青技术和沥青路面冷再生技术应用,天然气车辆在道路运输中的应用,绿色汽车维修技术应用,机动车驾驶培训模拟装置应用,清洁能源、可再生能源(地源热泵)在港航领域的应用,靠港船舶使用岸电技术应用,集装箱码头 RTG"油改电"技术应用,港口机械节能技术应用,营运船舶和施工船舶节能改造技术应用,天然气船舶在内河运输中的应用,营运车辆和港口智能化运营管理系统应用,治理营运车辆超限超载不停车预检系统应用,内河船舶免停靠报港信息服务系统应用,公众出行和物流公共信息服务系统应用,交通运输节能减排统计监测考核体系建设,城市公交和出租汽车领域天然气车辆的应用等 18 项交通运输行业节能减排技术应用,合计 776 个项目,年产生节能量 29.42 万 t、替代燃料量 59.82 万 t,实现节能减排投资额 20.56 亿元。

表 4-2 列出了 2011—2013 年交通运输节能减排专项资金申请优先支持领域。表 4-3 列出了 2011—2013 年五个技术领域补助项目数和额度。

交通运输节能减排专项资金申请指南优先支持领域（2011—2013年）

表 4-2

年份（年）	2011	2012	2013
专项资金优先支持领域	（一）公路基础设施建设与运营领域 隧道、服务区和收费站新能源、新材料、新技术使用和节能减排技术应用。 （二）公路运输装备领域 1. 天然气车辆在道路运输中的应用。 2. 绿色汽车维修技术应用等。 （三）港航领域 1. 靠港船舶使用岸电技术的应用。 2. 清洁能源、可再生能源技术在港口的应用。 3. 轮胎式集装箱门式起重机"油改电"技术应用。 4. 港口机械节能技术应用。 5. 港区内天然气汽车应用等。 （四）交通运输管理与服务能力建设 1. 车辆智能化运营管理系统。	（一）公路基础设施建设与运营领域 1. 公路、桥梁、隧道及沿线设施节能照明技术应用。 2. 可再生能源在公路建设与运营中的应用。 3. 温拌沥青技术应用。 （二）道路运输装备领域 1. 天然气车辆在道路运输中的应用。 2. 绿色汽车维修技术应用。 3. 机动车驾驶培训模拟装置应用。 （三）港航基础设施建设与运营领域 1. 清洁能源、可再生能源在港领域的应用。 2. 靠港船舶使用岸电技术应用。	（一）公路交通运输基础设施建设与运营领域 1. 公路及沿线设施、桥梁、隧道、运输站场节能照明技术应用。 2. 清洁能源、可再生能源在公路交通运营基础设施建设与运营中的应用。 3. 温拌沥青技术和沥青路面冷再生技术应用。 （二）道路运输装备领域 1. 天然气车辆在道路运输中的应用。 2. 绿色汽车维修技术应用。 3. 机动车驾驶培训模拟装置应用。 （三）港航基础设施建设与运营领域 1. 清洁能源、可再生能源在港航领域的应用。 2. 靠港船舶使用岸电技术应用。

续上表

年份（年）	2011	2012	2013
专项资金优先支持领域	2. 内河船舶免停靠报港信息服务系统应用。 3. 公众出行信息服务系统建设。 4. 交通运输节能减排统计监测考核体系建设等。	3. 集装箱码头 RTG"油改电"技术应用。 4. 港口机械节能运行控制技术应用。 （四）水路运输装备领域 1. 营运船舶和施工船舶节能技术应用。 2. 天然气船舶在内河运输中的应用。 （五）交通运输管理与服务能力建设 1. 营运车辆和港口智能化运营管理系统应用。 2. 内河船舶免停靠报港信息服务系统应用。 3. 公众出行信息服务系统应用。 4. 交通运输节能减排统计监测考核体系建设。	3. 集装箱码头 RTG"油改电"技术应用。 4. 港口机械节能技术应用。 （四）水路运输装备领域 1. 营运船舶和施工船舶节能减排改造技术应用。 2. 天然气船舶在内河运输中的应用。 （五）交通运输管理与服务能力建设领域 1. 营运车辆和港口智能化运营管理系统应用。 2. 治理公路运输车辆超限超载不停车预检系统应用。 3. 内河船舶免停靠报港信息服务系统应用。 4. 公众出行和物流公共信息服务系统应用。 5. 交通运输节能减排统计监测考核体系建设。

续上表

年份（年）	2011	2012	2013
专项资金优先支持领域	（五）低碳交通运输体系建设城市试点实施项目	（六）交通运输节能减排试点示范项目 1. 交通运输部"低碳交通运输体系建设城市试点"项目。 2. 财政部、国家发展改革委"节能减排财政政策综合示范城市"项目。 3. 交通运输部公布的交通运输行业节能减排示范项目	（六）交通运输节能减排试点示范项目 1. 交通运输部低碳交通运输体系建设的主题性、区域性和能力建设试点项目。 2. 财政部、国家发展改革委"节能减排财政政策综合示范城市"项目。 3. 交通运输部公布的交通运输行业节能减排示范项目

2011—2013 年五个技术领域补助项目数和额度　　表 4-3

年份(年) 技术领域	2011		2012		2013	
	项目数 (个)	补助额 (万元)	项目数 (个)	补助额 (万元)	项目数 (个)	补助额 (万元)
一、基础设施建设与运营						
1. 节能照明技术应用	15	1411	9	646	6	417
2. 清洁能源(可再生能源)应用	9	657	3	209	5	876
3. 温拌沥青技术和沥青路面冷再生技术应用	0	—	3	136	10	1354
二、道路运输装备						
4. 天然气车辆在道路运输中的应用	26	6466	71	12555	130	17017
5. 绿色汽车维修技术应用	10	1025	34	2103	45	2676
6. 机动车驾驶培训模拟装置应用	0	—	4	215	5	353
三、港航基础设施建设与运营领域						
7. 清洁能源、可再生能源(地源热泵)在港航领域的应用	2	421	2	70	5	737
8. 靠港船舶使用岸电技术应用	2	226	2	340	1	70
9. 集装箱码头 RTG"油改电"技术应用	14	6272	9	2165	4	391
10. 港口机械节能技术应用	3	826	1	32	4	467
四、水路运输装备领域						
11. 营运船舶和施工船舶节能改造技术应用	0	—	5	3108	13	3076

续上表

年份（年）	2011		2012		2013	
技术领域	项目数（个）	补助额（万元）	项目数（个）	补助额（万元）	项目数（个）	补助额（万元）
12.天然气船舶在内河运输中的应用	0	—	0	0	0	0
五、交通运输管理与服务能力建设领域						
13.营运车辆和港口智能化运营管理系统应用	16	2301	78	10231	66	7405
14.治理营运车辆超限超载不停车预检系统应用	0	—	0	0	7	714
15.内河船舶免停靠报港信息服务系统应用	1	935	2	344	1	56
16.公众出行和物流公共信息服务系统应用	11	1835	23	3430	14	1898
17.交通运输节能减排统计监测考核体系建设	4	358	0	0	0	0
六、交通运输节能减排试点示范项目						
18.交通运输部公布的交通运输行业节能减排示范项目	3	1311	9	933	—	—
19.城市公交和出租汽车领域天然汽气车辆的应用	—	—	8	3951	46	10947
20.其他类型项目	6	706	17	2497	12	1082
合计	122	24750	280	42965	374	49536

2）区域性、主题性管理方式效果分析

区域性、主题性项目管理方式将一般项目的被动操作模式、行业地方管理部门积极性难以调动的情况逐渐转变为由省（自治区、直辖市）交通运输厅（局、委）组织，以综合节能的方向，逐步形成具体项目管理与区域性管理、主题性管理相结合的管理模式，并积累丰富经验。区域性主题性项目的开展，形成了覆盖全国的局面（表4-4），节能减碳技术应用和影响广泛（表4-5）、成效显著，对交通运输行业绿色发展起到巨大的推动作用。

区域性主题性项目全国分布情况 表4-4

年份（年）	2012		2013		2014		2015	
公司、地区或集团	项目数（个）	补助额（万元）	项目数（个）	补助额（万元）	项目数（个）	补助额（万元）	项目数（个）	补助额（万元）
北京	—	—	1	3016	—	—	—	—
天津	—	—	1	1954	2	5011	—	—
河北	—	—	3	4845	2	5841	3	4093
山西	—	—	—	—	1	787	1	2694
内蒙古	—	—	—	—	1	419	2	2442
辽宁	—	—	—	—	2	4325	2	20076
吉林	—	—	—	—	2	1469	1	589
黑龙江	—	—	—	—	1	390	1	197
上海	—	—	—	—	1	59	2	1653
江苏	1	2135	2	3708	1	11280	—	1097
浙江	—	—	1	1957	1	145	2	15354
安徽	—	—	—	—	2	2311	2	970
福建	—	—	—	—	3	1941	1	216
江西	1	2900	—	—	2	704	1	69

续上表

年份（年）	2012		2013		2014		2015	
公司、地区或集团	项目数（个）	补助额（万元）	项目数（个）	补助额（万元）	项目数（个）	补助额（万元）	项目数（个）	补助额（万元）
山东	—	—	—	—	3	9255	2	20269
河南	—	—	1	1560	2	3185	2	5395
湖北	—	—	1	2674	1	434	1	360
湖南	—	—	—	—	1	201	4	2011
广东	—	—	1	1252	3	2329	2	1285
广西	—	—	—	—	—	—	3	1863
海南	—	—	—	—	—	—	1	37
重庆	—	—	2	3579	—	—		
四川	—	—	—	—	1	1183	1	601
贵州	—	—	1	1069	1	751	3	2047
云南	—	—	1	1915	1	163	1	905
西藏	—	—	—	—	—	—	—	—
陕西	—	—	—	—	1	502	3	3549
甘肃	—	—	—	—	—	245	3	3026
青海	—	—	—	—	2	968	2	1940
宁夏	—	—	—	—	1	208	1	129
新疆	—	—	—	—	2	491	3	2590
大连	—	—	—	—	2	1254	1	48
青岛	—	—	1	1289	1	748	1	391
宁波	—	—	—	—	1	1078	2	877
厦门	—	—	1	2271	—	—		

续上表

年份（年）	2012		2013		2014		2015	
公司、地区或集团	项目数（个）	补助额（万元）	项目数（个）	补助额（万元）	项目数（个）	补助额（万元）	项目数（个）	补助额（万元）
深圳	—	—	2	3096	—	—	—	—
中国远洋运输有限公司	—	—	—	—	4	2547	—	—
中国交通建设集团有限公司	—	—	—	—	2	1078	—	—
中国海运集团有限公司	—	—	—	—	1	258	—	—
中国外运长航集团有限公司	—	—	—	—	2	199	1	51
招商局集团有限公司	—	—	—	—	1	1000	—	—
合计	2	5035	19	34185	54	62759	55	96824

低碳交通城市试点重点项目数量 表4-5

序号	城市	重点项目数量（个）	重点项目类型
1	北京	40	低碳交通基础设施建设项目、低碳运输装备建设项目、低碳公共交通建设项目、低碳智能交通建设项目、低碳交通政策创新建设项目五个方面
2	昆明	26	天然气车辆推广工程、滇池绿色旅游水运工程、绿色立体停车场建设工程、甩挂运输试点示范工程、高速公路节能技术应用工程； 公共自行车推广工程、醇醚类双燃料汽化器推广工程、公路沿线碳汇林工程、智能公交系统建设工程

续上表

序号	城市	重点项目数量（个）	重点项目类型
3	西安	32	清洁能源车辆的应用、加气站、绿色维修、模拟驾驶、甩挂运输、地源热泵、温拌沥青、自行车系统、信息平台建设等
4	宁波	41	打造低碳综合交通运输体系、发展低碳运输装备、优化运输与作业组织三个方面
5	广州	43	低碳公共交通、低碳公路建养、低碳场站建设、低碳港口、绿色货运与物流、低碳运输车辆、低碳运输船舶、绿色驾驶与维修、智慧交通、低碳能力建设
6	沈阳	28	立体公交网络优化工程、低碳城市配送体系、低碳收费站建设工程、天然气汽车推广工程、油电混合动力电动汽车推广工程、公共自行车租赁系统、远通甩挂运输试点、路面节能技术应用工程、发光二极管（LED）绿色照明工程、交通运输智能管理信息系统
7	哈尔滨	22	橡胶沥青路面建设项目、温拌沥青路面建设项目、新能源车辆应用、驾校培训、公交线网优化、公交专用车道优化、物流网络优化、智能交通信息系统
8	淮安	26	绿色水运、中心城区及生态新城低碳出行体系、低碳出行交通基础设施及设备、交通信息化建设
9	烟台	26	公交场站、线网优化项目、公共自行车建设、天然气汽车的应用、机动车驾驶培训模拟、老旧客滚船更新改造、港口LED照明技术应用、甩挂运输和多式联运、智能交通与信息化、交通运输能耗统计、监测与考核体系建设
10	海口	17	低碳交通工具、低碳运输组织、低碳出行方式、低碳港口水运、智能交通系统、低碳统计监测

序号	城市	重点项目数量（个）	重点项目类型
11	成都	34	新能源车辆的应用、甩挂运输、绿色汽修、温拌沥青、隧道 LED 改造、快速公交、地铁、智能交通系统
12	青岛	33	低碳港口、甩挂运输、天然气汽车应用、高速公路 LED 改造、地铁、智能交通管理体系及出行信息体系等
13	株洲	28	公共自行车、绿色公交、低碳港口建设工程、绿色水运工程、天然气汽车推广工程、道路客运组织优化工程、温拌沥青应用工程、节能灯具推广工程、节能驾驶推广工程、机动车驾驶培训学校、驾驶设施节能改造行动、低碳交通能力建设
14	蚌埠	39	路面材料再生利用、低碳物流、低碳客运站建设、新能源车辆、机动车驾驶模拟、绿色维修、低碳港口、线网优化、公共自行车、交通信息化、智能系统等
15	十堰	34	武当山-太极湖绿色旅游交通工程、丹江口绿色水运工程、公路建设节能技术应用工程、十堰绿色公交工程、天然气出租汽车普及工程、公路客货运输组织优化工程、商用车背车带货运输、环丹江口库区公路碳汇林工程、智能交通工程
16	济源	16	低碳交通基础设施项目、低碳交通运输装备项目、优化交通运输组织模式、智能交通系统引领低碳交通发展
总计		484	—

在节能减碳技术方向的应用方面,以2013—2014年的16个城市项目实施方案为例,从16个试点城市所有的试点方案来分析,技术性、结构性、管理性节能减排的项目数量相差不是很大,其中技术性节能减排项目数量占总数的37.06%,结构性节能减排项目数量占总数的34.3%,管理性节能减排项目数量占总数的27.89%。从所有的484个实施重点项目来看,目前交通运输行业

采取的主要节能减排措施按照技术性、管理性、结构性节能减排的类型来分，主要集中在以下方面：技术性节能减排措施包括 LED 灯、温拌沥青技术、油改电技术、绿色维修技术、ETC 技术、地源热泵技术等；管理性节能减排措施包括智能交通系统、智能公交调度系统、出租汽车电召及全球导航卫星系统(Global Navigation Satellite system,GNSS)、智能信息平台等建设，主要集中在提高出行效率方面；结构性节能减排措施包括推行公交优先、发展自行车系统、优化路网结构、改变能源消耗结构(天然气、LNG、CNG 等在道路运输、公交系统中的应用)、甩挂运输。项目节能减排类型分析见图 4-4。

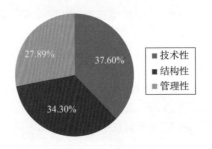

图 4-4 项目节能减排类型分析

总体上来说，虽然各个城市的实施重点不同，交通运输节能减排工作推进力度有所不同，但区域性主题性项目整体的成效显著，主要体现在以下几个方面：

(1)建成了一批绿色交通示范项目，引领全国绿色交通发展。目前，已经建成江苏、浙江、山东、辽宁 4 个绿色交通省，北京、天津、保定、邯郸、廊坊、乌海、鞍山、无锡、杭州、蚌埠、南平、南昌、烟台、济源、郑州、武汉、株洲、桂林、重庆、贵阳、遵义、西安、兰州、西宁、乌鲁木齐、厦门、深圳市 27 个绿色交通城市，河北京港澳高速公路(京石段)、河北京港澳高速公路(石安段)、吉林鹤大高速公路、江苏宁宣高速公路、安徽岳武高速公路、江西昌樟高速公路、河南三淅高速公路、湖南南益高速公路、广东广中江高速公路、广东港珠澳大桥、广东广佛肇高速公路、广西柳南高速公路、重庆成渝高速公路、贵州道安高速公路、贵州盘兴高速公路、云南麻昭高速公路、云南香丽高速公路、陕西黄延高速公路、兰州南绕城高速公路、青海花久高速公路 20 个绿色公路和天津港、唐山港(京唐港区)、上海港、连云港港、福州港、岳阳港、日照港、广州港、大连港、青岛港、蛇口港 11 个绿色港口,覆盖了我国东部、中部、西部地区,省(自治区、直辖市)、市(地、州、盟)、县(区),高原、山区、平原,沿海、内河等不同区域特点和各类典型地貌特征。项目建设中采用的节能减排技术、建设经验及形成的成果为其他绿色交通项目提供借鉴和示范,部分成果已经纳入标准体系,形成了交通运输部绿色公路、绿色港口建设的常态化措施。

(2)显著推动了交通运输行业节能减排科技创新和行业技术进步。新材料、新技术、新工艺得到广泛应用,特别是节能照明技术、清洁能源(可再生能源)应用、温拌沥青和沥青路面冷再生技术、天然气车辆和船舶应用、靠港船舶使用岸电技术应用、绿色汽车维修技术应用、机动车驾驶培训模拟装置应用、集装箱码头 RTG"油改电"技术应用、港口机械节能技术应用、营运车辆和港口智能化系统应用等 40 多项节能减排技术在交通运输行业得到广泛应用,有力促进了交通运输行业高质量发展,部分领域甚至已达国际领先水平。天然气车辆技术已从 2012 年"油改气"过渡到目前的全部"整车生产",天然气发动机成为成熟产品;靠港船舶使用岸电技术从无到有,形成了企业专利和行业标准,并实现大规模应用。

(3)促进了运输结构、用能结构、运力结构优化。各项目积极推进综合客运枢纽、多式联运等建设,促进了运输服务的"无缝衔接"和"零换乘"。太阳能、风能、天然气、电力在交通设施及车船装备中得到了规模化应用,如天然气营运车辆超过 18 万辆,新能源公交车超过 40 万辆,新能源货车超过 43 万辆,电能驱动港口 RTG 比例由 2010 年的 30% 实现了全覆盖,极大地改善了行业用能结构。运输装备进一步向大型化、专业化发展,提高了能源利用效率。

(4)推进了交通运输行业管理现代化。各地方特别是东部省(自治区、直辖市)的交通运输主管部门基本建立了交通信息化网络监控系统、运营调度管理系统、公众信息服务系统,使政府、企业、个人的信息有机衔接,智能化水平普遍提升,信息技术在交通运输行业应用从"无纸化办公"过渡到"互联网＋交通运输",数字化智能交通发展日新月异,行业管理做到实时响应,行业运行效率大幅提升。同时,培养了一批绿色交通科研和管理人才队伍,造就了一批绿色交通服务企业和技术团队,为绿色交通事业今后更好地发展奠定了人才基础。

(5)产生了显著节能减排效益,促进了我国环境质量改善。据测算,62个区域性主题性项目,每年直接产生的节能减排量超过 63 万 tce,替代燃料量超过 213 万 t 标准油。2012—2020 年,累计节约超过 170 万 tce,替代燃料量超过 600 万 t 标准油,减少 CO_2 排放 960 万 t,在减少化石能源使用的同时减少了大量硫氧化物(SO_x)和 NO_x 的排放,对大气污染防治作出了贡献。

(6)极大地调动了行业开展节能减排积极性,提升了公众绿色发展理念。区域性主题性项目覆盖了全国 29 个省(自治区、直辖市),示范引领作用明显,节能减排技术、工艺、产品在公路、港口、场站、设施应用,激发了交通企事业单位和公众参与绿色交通发展的热情,62 个项目 3 ~ 4 年实施期的项目中包含的子项目数量超过 2000 个,参建单位超过 2000 家。区域性项目建设中体现了系统化、体系化的理念,提升了公众绿色发展理念。绿色公路主题性项目体现全生命周期理念,在设计、施工、运营等各环节体系应用节能减排技术,体现绿色发展理念。绿色港口主题性项目体现"绿色、循环、低碳"理念,推进节能减排、材料循环利用和环境保护项目,体现了全面绿色发展的理念。

(7)带动了战略性新兴产业发展。交通运输作为需求侧,广泛应用先进节能减排技术和装备,促进了供给侧的节能环保装备业、新一代信息化技术产业、新能源和高端装备制造业的发展。如沥青冷再生技术、橡胶沥青应用提升废旧路面、橡胶轮胎的资源综合利用和再制造产业化。节能减排在线监测系统、智能监控系统、智能调度系统、公众出行服务系统等信息技术,带动了宽带网、5G 信息网络基础设施建设,推动新一代移动通信、互联网核心设备和智能终端的研发及产业化,加快了物联网、云计算基础技术研发和应用。太阳能和风能、风光互补技术发电和产品应用,促进了新能源产业及智能电网运行体系建设。新能源汽车、轨道交通装备、港口机械设备、筑路养护设备的应用,带动了新能源汽车产业和高端装备制造业发展。交通运输行业已经成为战略性新兴产业最重要应用领域之一。

(8)更好地满足了广大人民绿色出行需要。交通运输节能减排工作顺应人们出行需求升级要求,应用节能减排新理念、新技术、新装备,提供了更多绿色出行方式和工具,营造了更高效的出行选择。新能源汽车,特别是天然气和纯电动客车、公交车、公共自行车大规模应用已经成为城市出行主要选择,为居民绿色出行提供了更好的保障。

3)能力建设项目成效

能力建设项目取得积极成效。在标准研究方面,共设立 19 个项目,包括 69 项标准研究,目前已形成了 45 个标准草案,17 个已通过交通运输部科技司标准立项,其中 4 个正式发布;在评价指标体系方面,共设立 8 个项目,包括 12 个评价指标体系研究,目前有 4 个评价指标体系已用于交通运输节能减排区域性主题性项目的申请和验收;在政策研究方面,形成了《交通运输节能环保"十三五"规划》节能减排部分内容,提交了 1 份国际海事组织(International Maritime Organization,IMO)提案,形成 2 份决策建议专报,为行业推进节能减排工作提供了有效支撑。其主要成果体现在以下方面:

(1)系统研究了绿色交通关键问题。开展了《绿色循环低碳交通运输发展制度体系框架研究》,对现有制度体系进行梳理,并对今后制度体系完善提出了建议。《新时期加快推进绿色低碳交通运输发展战略研究》《〈公路水路交通运输节能减排"十二五"规划〉及相关政策的中期评估及节能减排绩效评价指标分析》《公路水路交通运输节能减排"十三五"规划重大问题研究》3 个战略规划类项目。未开展应对气候变化战略相关研究,未提及分层次、分类别、分方式规划体系的研究。

(2)初步建立了节能减排标准体系。节能减排相关标准研究一直是能力建设项目支持的重点,2012 年以来已经支持了新能源汽车、清洁燃料汽车应用等 5 个标准、《交通运输行业重点耗能产品能效评定方法及交通运输节能减排标准体系建设研究》等 19 个标准研究项目,占项目总数的 27.54%。目前,已初步提出了交通运输节能减排标准体系表以及标准体系建设实施方案(2014—2020 年),并且形成了 63 项标准草案(部分标准仍在研究阶段),基本覆盖车、船、路、港四个子行业,涉及能效及 CO_2 排放等级评定(43 项)、碳交易(11 项)、能源审计(1 项)、清洁能源车辆应用(5 项)、港口能源计量和统计(3 项)多个方面。

(3)基本形成了节能减排评价考核体系。《低碳交通运输体系评价指标体系》《低碳交通城市评价指标体系》《低碳港口评价指标体系》《低碳公路建设评价指标体系》《低碳港口航道建设评价指标体系》《绿色低碳公路运输场站的评价指标体系研究》等系列节能减排指标体系方面的研究,形成较为完整的节能减排评价指标体系,为评价政策的设计夯实了理论基础。

(4)研究破解了能耗在线监测的技术问题。《交通运输能耗统计监测体系建设(一期)》《交通运输行业能源消耗与碳排放考核体系研究》《公路水路运输和港口能源消费统计方法研究》等系列研究,对交通运输行业节能减排考核体系进行了深入探索,为后续统计监测平台建设和行业统计体系的完善提供重要参考和依据。

(5)支持开展了基础性前瞻性研究工作。《港口温室气体(CO_2)排放影响排放峰值与减排目标路径研究》《国内外交通运输节能减排政策比较研究》《城市慢行交通系统发展模式与推进方案研究》《新时期加快推进绿色低碳交通运输发展战略研究》《交通运输行业温室气体排放清单编制指南及控制温室气体排放对策研究》《公路运输温室气体排放影响、排放峰值与减排目标、路径研究》《水路运输温室气体排放影响、排放峰值与减排目标、路径研究》《城市客运温室气体排放影响、排放峰值与减排目标、路径研究》《社会车辆温室气体排放影响、排放峰值与减排目标、路径研究》《交通运输行业参与国内碳交易机制的对策研究》《我国航运业参与国际航运温室气体减排市场机制的对策研究》《绿色低碳交通文化建设与传播研究》等,为判定行业趋势、制定战略、摸底行业情况提供了数据和理论支撑。

表4-6列出了2012—2015年能力建设项目开展情况。

2012—2015 年能力建设项目开展情况　　表4-6

重点方向	年份（年）				"十二五"期合计	占比（%）
	2012	2013	2014	2015		
政策法规	0	4	4	3	11	15.94
标准监测	2	6	7	10	25	36.23
标准	1	3	6	9	19	27.54
统计监测	1	3	1	1	6	8.70
评价考核	6	1	1	1	9	13.04
其他	1	9	5	9	24	34.78
合计	9	20	17	23	69	100

4.3 评价政策设计

交通运输行业作为资源密集型行业,是国家能源消费和温室气体排放的主要来源之一,交通运输节能减排专项资金支持的四类项目整体上涵盖了低碳绿色循环的全方位内容。但四类项目的差异性也比较明显,其评级手段和复杂程度因项目类型不同产生了比较大的差异。一般性项目由于是事后奖补的方式,项目的成效在项目奖补评审核算时已经体现,主要为节能减排量等效果;能力建设项目主要为科研类项目,其成果主要体现为研究成果,项目验收以专家评审出具专家组意见的形式予以评价,评价形式较为简单直切,以定性为主。

而区域性、主题性项目,特别是绿色交通省(自治区、直辖市)、绿色交通城市、绿色公路、绿色港口的评价,由于实施周期长、项目构成复杂,兼具整体性宏观性,其评价较为复杂,为此课题组开展了专门的研究工作,支撑项目评价实践。

区域性主题性项目评价的主要思路是通过建立评价指标体系对项目整体目标进行评价,通过开展全要素减碳能力评估方法应用,对项目节能减排能力效果进行评价,具体研究情况如下。

4.3.1　全要素减碳能力评估方法

针对区域性主题性项目系统性、集成化的特点,在减量技术、替代技术、增效技术和循环技术四类减碳能力评估方法的基础上,以能源技术模型为基础,按照自下而上的基本思路,构建了基于全要素减碳效率的交通运输技术减碳能力评估模型。

模型基本形式如下:

$$RC = \sum_{i=1}^{\alpha} RC_{di} + \sum_{j=1}^{\beta} RC_{rj} + m\sum_{j=1}^{\gamma} RC_{sm} + n\sum_{j=1}^{\theta} RC_{cn} \qquad (4\text{-}1)$$

式中:RC——某一区域或某一项目年度交通运输技术减碳能力;

RC_{di}——第 i 类减量技术的年度减碳能力;

RC_{rj}——为第 j 种替代技术的年度减碳能力;

RC_{sm}——第 m 类增效技术的年度减碳能力;

RC_{cn}——第 n 类循环技术的年度减碳能力;

α——该区域或该项目中涉及的减量技术的种类;

β——该区域或该项目中涉及的替代技术的种类;

γ——该区域或该项目中涉及的增效技术的种类;

θ——该区域或该项目中涉及的替代技术的种类。

基于前述研究,为与区域性主题性项目相类似,分区域、分行业、分项目评估减碳能力评估需求,研究构建交通运输技术减碳能力评估方法体系框架,如图4-5所示。

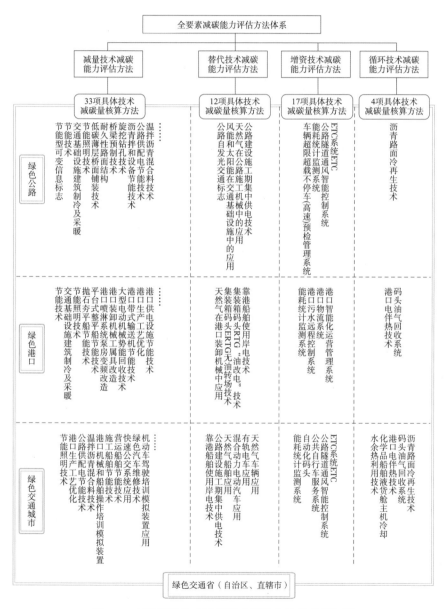

图4-5 交通运输技术减碳能力评估方法体系框架图

4.3.2　评价指标体系构建

1）评价指标体系的构建原则

指标体系的构建原则因构建方法的不同而有所区别。目前，评价指标体系构建方法包括定性和定量两种，其中进行综合评价的实践中较多地采用定性方法选取指标。邱东、苏为华、苗润生提出了定性选取评价指标体系的五条基本原则，即目的性、全面性、可行性、稳定性与评价方法的协调性。就一般意义而言，建立指标体系的原则主要有两种典型表述：一是全面、不重叠（或交叉、或冗余）和指标易于取得；二是科学性、合理性和适用性。比较而言，第 1 种要比第 2 种更加明确。一套科学的指标体系首先应根据评价目的反映有关评价对象的各方面状况，如果指标体系不全面，就无法对评价对象作出整体判断；其次，指标间不能重叠过多，过多的重叠会导致评价结果失真，即使对重叠进行适当的修正，也会增加计算的难度和工作量；最后，计算指标所需要的数据应是容易采集的，指标容易计算或估计，否则，指标体系就无法应用（指标获取的难易程度用指标获取的难度因数来度量。指标的难度因数一般分为 1、3、5、7 共 4 个级别，分别代表容易、较易、较难和困难。指标获取的难度由专家来评定，一般说来，定量指标比定性指标易于取得，具体指标比综合指标易于取得）。因此，建立指标体系应遵循评价指标尽可能全面、不重叠和易于取得的原则。

而针对绿色交通项目的评价指标体系，在上述基本原则的基础上还应考虑到本行业的特点，例如绿色交通技术的发展趋势、国家产业政策以及其他相关政策对本行业的影响。因此，指标体系的构建与指标选择应当充分反映和体现绿色交通运输体系的内涵与特征，要数据来源要准确，评价方法要科学，通过评价，要能反映出低碳交通运输体系主要目标的实现程度，因此，指标选择在保证稳定性的基础上，还应考虑到前瞻性和连续性。

2）评价指标体系的构建方法

一般意义上，评价指标体系框架主要可以分为两大类：经济学框架和自然科学框架。经济学框架是建立在主流经济学理论基础之上的，它主张指标的货币化综合价值核算，如绿色 GDP 核算。而在自然科学领域，研究人员多通过系统分解法、目标分解法和综合归纳法建立指标体系框架。经济合作与发展组织于 1993 年提出的压力-状态-响应（PSR）模型就是一个经典框架。PSR 框架随后被扩展为驱动力-压力-状态-影响-响应（DPSIR）框架，DP-SIR 框架于 1999 年被欧洲环境署采用。1997 年，联合国环境规划署和美国非政府组织提出了一个著名的社会、经济和环境三系统模型。联合国统计局依据 *Agenda* 21 创建了一个涵盖经济、气候、固体污染物和机构四个方面的指标框架。针对低碳交通领域指标体系的构建，上述三种方法或模型都值得借鉴。

上述评价指标体系建立的一般过程与评价方法可归纳总结如图 4-6 所示。

3）评价指标体系的结构

评价指标体系的结构共有三种类型：一元结构、线性结构和塔式结构。一元结构就是单指标评价；线性结构指一系列的指标，指标之间为顺序或平行关系，然而当分析因素增加时，线性结构中的关系常常难以把握。如图 4-7 所示，塔式结构常用于多影响因素的综合评价，平时常用的层次分析法采用的就是塔式结构。塔式结构就是将评价目标按照逻辑分类向下展开为若干子目标，再将各子目标展开为分目标，依此类推，直到可定性或定量分析为止，选取的指标与目标直接相关，且具有层次性，可随着目标的增多而扩充。

通过对大量的研究分析后发现，可持续发展指标体系结构以三层居多，少数有二层和四层结构。不难发现，无论层次多少，二级指标都是最为重要的，因为二级指标是研究者对可持续发展内涵理解的体现，它能够反映指标体系各层需要考虑的方面和要素，也是一个连接属性特征与下一层的原始指标的作用层,能够引导我们发掘和寻找合适的要素,来全面具体地反映评价对象的各属性特征。因此,在一个新的指标体系的构建中,在由一级目标确定了测评的范围后,二级目标是最需要投入精力和时间来确定的。二级目标的科学性与合理性是整个指标体系得以有效运转的重要保证。

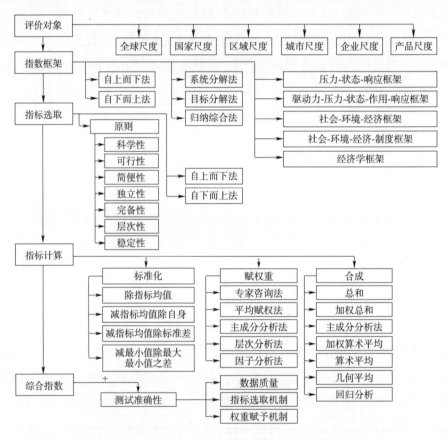

图4-6　评价指标体系建立的一般过程与评价方法

4)综合评价方法

系统评价是系统工程中的一种基本处理方法,它将研究对象作为一个系统来分析,对分析结果加以综合,并在此基础上,对系统进行多方面、多角度评价,这样反复进行,直到能有效地实现预定目标为止。总之,评价工作贯穿系统开发过程的始终,在系统分析、设计、实施等过程中都要进行系统评价。系统评价的一般内容如图4-8所示。

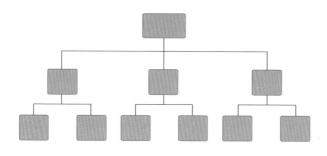

图4-7　塔式评价指标体系结构图

　　根据调研,根据各种指标体系进行评价所采用的方法大体分为四类:第一,专家评价方法,如专家打分综合法;第二,运筹学与其他数学方法,如层次分析法、数据包络分析法、模糊综合评判法;第三,新型评价方法,如人工神经网络评价法、灰色综合评价法;第四,混合方法,即几种方法混合使用的情况,如层次分析

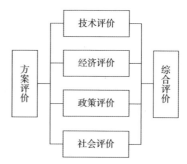

图4-8　系统评价的内容

法(AHP)+模糊综合评判、模糊神经网络评价法。表4-7汇总了近年来综合评价方法的一些使用情况。

近年来综合评价方法的一些使用情况　　　　　　表4-7

领域	方面	方法
自然界	资源	多属性决策(MCDM)+模糊、系统均衡原理、AHP
	生态环境	模糊聚类、指数评价、AHP、马太加权等
科技	科技发展	AHP、德尔菲法、模糊、灰色评价
	科技成果	模糊、指数法、AHP、德尔菲法+加权和,模糊灰色物元空间评估方法

续上表

领域	方面	方法
教育	教育质量	AHP、模糊、灰色评价、可能-满意度
	师生素质	AHP、模糊、灰色、可能-满意度、灰色关联
	经费	AHP
人工制造系统	机械设备	MCDM、AHP
	工程项目	AHP、模糊、灰色、可能-满意度、灰色关联
	运输系统	模糊评价、可能-满意度
人和社会系统	人	指数法、AHP、MCDM
	非生产单位	优序法、AHP、DEA、主成分分析、统计法
	生产单位	DEA、模糊＋生产函数、主分量—层次分析法、主成分分析＋聚类、AHP＋模糊、MCDM、AHP、聚类分析
	地区	可能-满意度、MCDM、AHP

选择的评价方法,应针对评价对象的特点,适应并尽可能满足评价任务的目的、要求与目标。综上,低碳交通运输体系评价指标体系的评价方法应遵循下述几项原则:第一,所选择的方法必须有说服力,有足够的信度和效度;第二,所选择的方法必须能够客观地反映评价目的、评价要求和评价对象的能力与水平;第三,所选择的方法,在指数框架确立、指标集选取、指标标准化、指标权重赋予和综合指数合成方法等方面应尽可能地减少人为主观因素的影响。第四,所选择的方法应当简洁明了,尽量降低计算的复杂性。

5)具体指标的选择

指标体系中各个具体指标的确定通常具有很大的主观随意性,这是因为在多数研究中通常采用经验法来确定特定体系中的相关指标。而另一类利用数学原理确定指标的方法,由于其复杂性及由于样本集合不同而导致的不唯一性,使其在实际应用中很少被用到。相比而言,经验法在实际应用中可操作性更强,且更能反映行业或领域内的实际情况和需要。

本书结合我国绿色交通运输体系建设的要求与实际,提出了指标选取流程,如图4-9所示。

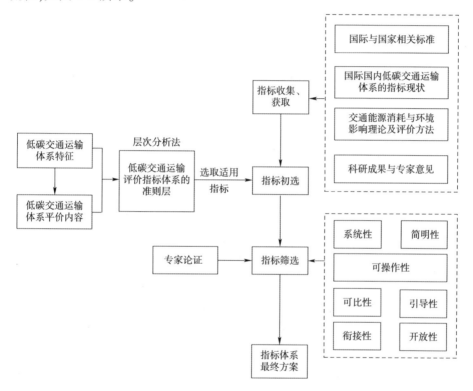

图4-9　绿色交通项目评价指标体系指标选取流程

需要注意的是,在综合评价之前,要对评价指标类型进行一致化处理。有些指标是正指标,有些指标是逆指标,有些指标是定量的,有些指标是定性的。指标处理中要保持同趋势化,以保证指标间的可比性。

6)绿色交通省(自治区、直辖市)、绿色交通城市区域性项目评价指标

绿色交通省(自治区、直辖市)评价指标体系见表4-8。

绿色交通省(自治区、直辖市)评价指标体系　　　表4-8

指标类别		指标名称
强度性指标	能耗强度	1.营运车辆单位运输周转量综合能耗
		2.营运船舶单位运输周转量综合能耗
		3.港口生产单位吞吐量综合能耗
		4.城市公交单位客运量综合能耗
		5.城市出租汽车单位客运量综合能耗
	CO_2 排放强度	6.营运车辆单位运输周转量 CO_2 排放量
		7.营运船舶单位运输周转量 CO_2 排放量
		8.港口生产单位吞吐量 CO_2 排放量
		9.城市公交单位客运量 CO_2 排放量
		10.城市出租汽车单位客运量 CO_2 排放量
体系性指标	基础设施	11.区域交通基础设施布局及结构优化情况
		12.每万人城市轨道交通与公交专用车道里程数
	运输装备	13.节能环保型营运车辆占比
		14.节能环保型营运船舶占比
	运输组织	15.区域交通运输一体化推进情况
		16.物流公共信息平台覆盖率
保障性指标		17.节能减排组织机构及工作机制建设
		18.节能减排统计监测体系建设
		19.节能减排市场机制推进
		20.节能减排宣传培训
特色性指标		可依据省(自治区、直辖市)特点、项目创新情况,设立自定义项。自定义项应当符合绿色循环低碳省(自治区、直辖市)与可持续发展的宗旨。申请方应在事实方案中提出自定义项申请,并阐述申请理由及分值

绿色交通城市评价指标体系见表4-9。

绿色交通城市评价指标体系　　　　表4-9

指标类别		指标名称
强度性指标	能耗强度	1.营运车辆单位运输周转量综合能耗
		2.营运船舶单位运输周转量综合能耗
		3.港口生产单位吞吐量综合能耗
		4.城市公交单位客运量综合能耗
		5.城市出租汽车单位客运量综合能耗
	CO_2 排放强度	6.营运车辆单位运输周转量 CO_2 排放量
		7.营运船舶单位运输周转量 CO_2 排放量
		8.港口生产单位吞吐量 CO_2 排放量
		9.城市公交单位客运量 CO_2 排放量
		10.城市出租汽车单位客运量 CO_2 排放量
体系性指标	基础设施	11.综合运输枢纽建设情况
		12.公交专用车道里程占城市道路里程比例
		13.慢行道占城市道路比例
	运输装备	14.节能环保型营运车辆占比
		15.节能环保型营运船舶占比
	运输组织	16.水运与铁路货运承运比
		17.公交占机动化出行分担率
		18.多式联运占综合运输周转量比例
	智能交通与信息化	19.公众出行信息服务系统应用情况
		20.物流公共信息平台应用情况
保障性指标		21.节能减排组织机构及工作机制建设
		22.节能减排统计监测考核体系建设

续上表

指标类别	指标名称
保障性指标	23.节能减排市场机制推进
	24.节能减排宣传培训
特色性指标	可依据城市特点、项目创新情况,设立自定义项。自定义项应当符合绿色循环低碳城市与可持续发展的宗旨。申请方应在实施方案中提出自定义项申请,并阐述申请理由及分值

7) 绿色公路、绿色港口主题性项目评价指标

绿色公路评价指标体系见表4-10。

绿色公路评价指标体系 表4-10

指标类别		指标名称
强度性指标	能耗强度	1.建设期能耗下降率
	CO_2 排放强度	2.建设期 CO_2 排放量下降率
体系性指标	绿色低碳技术应用	3.耐久性路面结构使用率
		4.温拌沥青路面使用率
		5.高性能混凝土使用率
		6.旧路面材料再生利用率
		7.可循环材料使用率
		8.可再生能源应用率
		9.公路节能照明技术使用率
		10.公众服务及低碳运营指示系统应用
		11.车辆超限超载不停车预检系统应用
		12.隧道通风智能控制系统应用
		13.ETC 覆盖率

续上表

指标类别		指标名称
体系性指标	绿色低碳技术应用	14. 施工期集中供电措施应用
		15. 公路沿线设施绿色建筑建设
		16. 施工机械低碳技术改造
保障性指标		17. 节能减排组织机构及工作机制建设
		18. 节能减排统计监测体系建设
		19. 节能减排目标责任评价考核制度
		20. 节能减排宣传培训
特色性指标		可依据公路特点、项目创新情况,设立自定义项。自定义项应当符合绿色循环低碳公路与可持续发展的宗旨,并且达到可测算、可报告、可核实。申请方应在实施方案中提出自定义项申请,并阐述申请理由及分值

绿色港口评价指标体系见表4-11。

绿色港口评价指标体系 表4-11

指标类别		指标名称
强度性指标		1. 港口生产单位吞吐量综合能耗
		2. 港口生产单位吞吐量 CO_2 排放量
体系性指标	装卸运输装备	3. 节能低碳技术应用
	生产基础设施	4. 港口配备岸电设施情况
		5. 绿色照明灯具比例
	生产组织模式	6. 工艺优化措施
	港口信息化	7. 港口生产智能化调度系统
		8. 港口物流公共信息服务平台
	能力建设	9. 港口能源管理信息化系统

续上表

指标类别		指标名称
体系性指标	能力建设	10. 能源计量器具配备率
		11. 交通节能减排规划、计划制定实施
		12. 能源管理体系建设
		13. 能源审计制度的建立和执行
保障性指标		14. 组织与机构建立与运行
		15. 节能减排目标责任评价考核制度
		16. 科技创新机制
		17. 节能减排宣传培训
特色性指标		可依据港口特点、项目创新情况,设立自定义项。自定义项应当符合绿色循环低碳港口与可持续发展的宗旨。申请方应在实施方案中提出自定义项申请,并阐述申请理由及分值

4.4 应用成效

本章重点对交通运输减碳技术资金政策进行了设计研究,前期研究的成效主要体现在以下 3 个方面:一是为交通运输节能减排专项资金支持交通运输减碳技术的实践构建了管理体制、理顺机制,支撑了交通运输节能减排项目管理中心筹建、第三方审核机构的认定和专家库的建立,保障了专项资金管理的公平公正公开,使用和奖补工作顺利开展。二是支撑了《交通运输节能减排专项资金管理暂行办法》《车辆购置税收入补助地方资金管理暂行办法》《交通运输节能减排专项资金支持区域性、主题性项目实施细则(试行)》《交通运输节能减排能力建设项目管理办法(试行)》《靠港船舶使用岸电 2016—2018 年度项目奖励资金申请指南》等财政部、交通运输部政策文件的编制印发,深化了绿色低碳发展认识,提升了行业节能降碳能力,支撑了交通运输部节能降碳有关决策,保障了1221个交通运输节能减排项目顺利实施,取得显著节能减排效益。三是支撑了区域性、主题性交通运输节能减排项目全面实施,形成一整套区域性主题性项目管理技术文件,支撑了《创建绿色交通省建设实施方案编制指南》《创建绿色交通城市实施方案编制指南》《创建绿色公路实施方案编制指南》《创建绿色港口实施方案编制指南》《交通运输能耗统计监测体系建设实施方案编制指南》《绿色交通运输装备实施方案编制指南》的编制,支撑了交通运输部《关于开展区域性主题性交通运输节能减排项目2017—2019年考核工作的通知》等考核验收文件的编制印发,保障了62个绿色交通省(自治区、直辖市)、绿色交通城市、绿色公路、绿色港口项目的立项、实施、考核验收工作,引领了交通运输行业节能减碳和绿色发展。

5　交通运输碳排放管理平台构建研究

前文聚焦"双碳"目标,从交通运输的减碳技术清单、减碳能力评估、政策机制等几个方面研究阐述了减碳技术的路径,提出并构建了量化的评估方法与考核政策。对于交通运输行业来说,碳排放的控制管理方法与市场机制行为一直处在初期的探索阶段。相比于社会其他行业来说,交通运输行业由于在碳排放控制与管理方面缺少抓手,难以快速带动整个行业形成普遍的共识,以致缺少以监测数据为核心的效益评价与考核。本章内容在前文章节研究基础上,面向交通运输行业特性,构建以监测数据、目标管理、系统平台为核心功能的碳排放监测管理体系,以实现面向"双碳"目标的减碳技术系统路径逻辑的闭环。

5.1　碳排放管理平台总体设计

5.1.1　建设目标

本部分在交通运输行业既有节能减排工作基础上,充分利用现代信息技术手段,建成融合多源数据的交通运输碳排放管理平台,进一步提高碳排放管理决策分析、绿色发展评估等能力。主要建设目标如下:

(1)碳排放核心指标可分析、可追溯、可预测、可预警决策能力提升。建设交通运输碳排放监测决策分析系统,利用多源数据融合方法,实现交通运输行业碳排放管理目标可分析、可追溯、可预测、可预警,用高质量、高频度、高颗粒度数据支持交通绿色发展,全面提升交通运输碳排放精细化管理水平。

(2)支撑交通运输行业绿色发展科学评价能力显著增强。建设交通运输行业绿色交通发展评价系统,建立科学合理的绿色交通发展评价体系,指导全行业绿色交通发展绩效评价,引领绿色交通发展方向,为交通运输主管部门科学评估行业和重点碳排放单位绿色交通发展水平提供有力支撑。

（3）交通运输碳排放数据综合处理应用能力全面提升。建设交通运输节能减排数据中心,实现公路、水路、铁路等能耗数据的采集汇聚、清洗治理、质量管控、模型管理等功能,并为交通运输节能减排决策分析系统、行业绿色交通发展评价系统、节能减排项目管理系统提供数据基础支撑。

5.1.2　系统平台架构设计

交通运输行业碳排放数据管理平台的总体框架主要包含四个层次,即应用系统层、应用支撑层、数据资源层和基础支撑层。

（1）应用系统层:包括交通运输节能减排指标核算分析子系统、节能减排效果评价子系统和节能减排资金补助项目管理子系统。

（2）应用支撑层:建设应用支撑平台,包含节能减排数据资源治理平台;应用支撑软件通过购置或开发等形式,提供地理服务展示、数据资源采集、应用服务器中间件、数据交换软件、数据可视化软件、分布式消息队列中间件及数据在线查询软件等应用支撑。

（3）数据资源层:通过数据资源采集、数据库建设及数据交换等,建设相应数据资源,为应用系统提供数据来源及支撑。

（4）基础支撑层:平台基础运行环境部署于交通运输部机房,所需的主机、存储、网络及安全、通用基础支撑软件等基础设施资源由中国交通通信信息中心统筹建设、配置、运维和管理。

碳排放监测平台架构如图 5-1 所示。

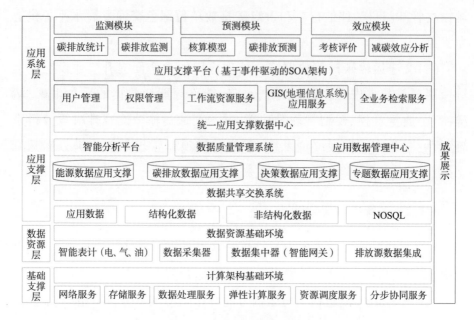

图 5-1　碳排放监测平台架构

5.2　监测模块构建

对区域交通运输行业碳排放进行有效的监测,以获取充分的基础数据,是实现行业碳排放管理和减碳路径的基础。因此,本部分针对区域交通运输行业碳排放数据量庞大、数据来源多样的客观需求,在明确碳排放监测范围后,进行碳排放监测方法研究。

5.2.1　碳排放监测对象及范围

我国的交通运输体系可以分为公路运输、水路运输、铁路运输、民航运输、港口生产。目前,铁路运输和民航运输领域的能耗统计体系较为健全、可靠,基础数据通常可以直接获取。但公路运输、水路运输和港口生产领域,由于行业自身特点和相关管理体系不够健全,能耗数据无法直接获取,因此,对于交通运输行业碳排放的统计监测,重点在于公路运输、水路运输和港口生产三个领域。

区域性交通运输涵盖范围较广。就公路运输而言,包括城市客运、公路客运、公路货运等;就水路运输而言,包含水路货运和水路客运两类,但大部分地区以货运为主。此外,除运输工具的能源消耗外,还应考虑交通运输基础设施全生命周期的碳排放,包括基础设施建设过程中的碳排放和运营期运行、维护中的碳排放等。

综上所述,对区域交通运输行业进行碳排放统计监测,需要结合统计监测区域的行业现状,综合考虑统计监测的必要性、可行性和全面性,进行行业碳排放统计监测范围的设定。基于以上分析,碳排放统计监测的范围主要包含公路客运、公路货运、城市公交、城市出租汽车、基础设施建设、公路运营养护、水路货运、港口生产8个重点领域。

针对交通运输行业的碳排放特征,从公路客运、公路货运、城市公交、城市出租汽车、基础设施建设、公路运营养护、水路货运、港口生产8个重点领域着手,进行碳排放统计监测对象及指标筛选,统计监测内容见表5-1。

碳排放统计监测对象及指标　　　　　　　　　　表5-1

序号	类别	类型	采集基础数据
1	公路客运	中型客车、大型客车	标记客位、客运量、行驶里程以及燃料消耗量
2	公路货运	重型货车、中型货车、小型货车	标记吨位、货运量、行驶里程以及燃料消耗量
3	城市公交	公交车	总行驶里程、核定载客数、客运量、平均运距以及燃料消耗量

续上表

序号	类别	类型	采集基础数据
4	城市出租汽车	出租汽车	总行驶里程、总实载里程、总运营里程、总运营次数以及燃料消耗量
5	基础设施建设	公路基础设施建设各类能耗	建设能源消费、建设投资
6	公路运营养护	运营设施、公路养护	公路运营设施能耗、公路养护能耗
7	水路货运	船舶	总行驶里程、周转量以及各种能源消耗
8	港口生产	装卸生产、辅助生产设备	生产能源消费、其他能源消费

5.2.2 碳排放数据监测方法研究

1）样本统计法

以《IPCC 国家温室气体清单指南》《中国陆上交通运输企业温室气体排放核算方法与报告指南》《省级温室气体清单编制指南》《公路运输能源消耗统计及分析方法》中的考评指标为依据，同时为了保证低碳交通领域中能耗与碳排放数据采集的全面性、科学性，根据《公路运输能源消耗统计及分析方法》（GB/T 21393—2008）、《船舶运输能源消耗统计及分析方法》（GB/T 21392—2008）和《港口能源消耗统计及分析方法》（GB/T 21339—2008）要求，建立区域能耗统计样本库。

经测算，公路客运企业样本按照车辆样本不低于本地区总数的 3% 的数量选取，同时选取具有一定规模的企业；公路货运企业样本按照样本企业车辆拥有量不低于当地专业货运总车辆数3%的标准进行抽取;城市公交企业样本主要参考企业运营车辆的数量,按样本企业车辆数在当地占比不低于20%的原则选取;城市出租汽车企业样本按照车辆样本不低于本地区总数的3%的数量选取;航运企业样本按照样本企业船舶拥有量不低于当地航运船舶总船舶数20%的标准进行抽取;公路建设、公路运营统计对象主要为全省(自治区、直辖市)公路建设项目建设单位以及公路运营单位。

统计样本企业通过逐级上报各自能耗情况,由于不同类型运输企业,其能耗及碳排放特征也不尽相同,统计表格以及统计频次有所差异。

以公路客运企业样本统计为例,客运企业类型覆盖全省(自治区、直辖市)所有业务类型,包括省际、市际、县内班线客运、旅游客运、包车客运等;车辆类型按小型车、中型车、大型车划分;燃料类型包括汽油、柴油、天然气、电力以及其他,具体填报内容见表5-2。

公路客运企业运输能源消耗表　　　　表 5-2

填表单位:　　　　　　　　　　　　　　　　年　　　月

指标	计算单位	合计	小型车	中型车	大型车
一、车辆数	辆				
二、总行驶里程	km				
三、燃料消耗总量	tce				
1.汽油	t				
2.柴油	t				
3.天然气	m^3/kg				
4.电	$kW \cdot h$				
5.其他燃料	tce				
四、客运量	万人				
五、旅客周转量	万人·km				

其中,公路客运碳总排放量 $=\dfrac{\sum 企业季度总排放量}{\sum 企业季度行驶里程}\cdot$ 地市上报季度总客运量。

2)在线监测法

随着物联网技术及能耗监测技术的飞速发展,车辆和生产设备等运输装备(工具)能耗数据,可以通过安装在其上的相应监测设备记录下来,连接网络在线传输,实时上传,再通过碳排放转换公式计算得出碳排放情况。

目前交通运输行业可实施能耗监测的领域主要有公路客运、公路货运、城市公交和港口生产等(表5-3)。其中,对公路客车、公路货车、城市公交可实施油耗在线监控。公路货车除油耗外,还可对其载重量进行监测。对于港口生产单位,根据其能耗特点,主要需要对生产油耗和电能消耗进行监测。经过前期调研分析,监测设备如图5-2所示。

能耗碳排放监测指标   表5-3

序号	监测对象	监测指标	数据采集方式
1	公路客运	能耗、位置	控制器域网(Controller Area Network,CAN)总线数据采集设备
2	公路货运	能耗、位置	系统对接/油耗传感器、GNSS定位
3	城市公交	能耗、位置	CAN总线数据采集设备
4	港口生产	用电量	智能电表

主要监测内容包括油耗数据、位置数据、载荷数据以及用电量数据。监测位置数据和用电量数据的设备相对成熟,一般采用GNSS和智能电表。不过,对于油耗数据采集来说,由于车辆技术的差异性和燃油消耗统计目标的多样性,目前还没有统一的车辆燃油消耗数据实时采集方法,采取的主要办法包括以下几种:

（1）油路法：油路法通过在车辆油路上加装流量传感器，检测车辆行驶过程中经过油路中的燃油流量来计算发动机的实际燃油消耗量。当燃油通过传感器时，传感器发出等量的数字脉冲信号，由数显终端统计并显示。根据油路流量传感器在油路中安装方式的不同，油路法又可以分为单传感器连接法（图5-3）和双传感器连接法（图5-4）两种。

图5-2　监测设备

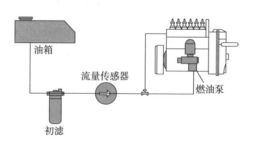

图5-3　单传感器连接法

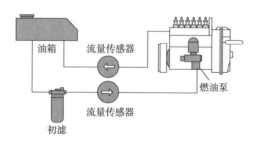

图5-4　双传感器连接法

（2）油箱法：油箱法是利用测量油箱的液面，间接测量车辆燃油消耗的方法。基于液面的测量方法是通过测量油箱内燃油液位高度，换算出剩余油量体积和消耗油量体积。对于尺寸较不规则的油箱,使用这种方法需要经过精细的前期标定才能确保其测量精度。目前市场上通过液位测量车辆燃油消耗量的方法主要包括原车油浮子(图5-5)式液位传感器法、电容式液位传感器法、干簧管式液位传感器法、超声波液位传感器法和压力传感器法等。

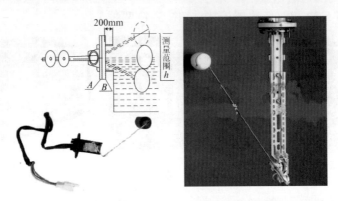

图5-5　原车油浮子工作原理图

(3)CAN 总线法:CAN 是国际标准化组织(International Organization for Standardization,ISO)国际标准化的串行通信协议。在汽车产业中,出于对安全性、舒适性、方便性、低公害、低成本的要求,各种各样的电子控制系统被开发出来。由于这些系统之间通信所用的数据类型及对可靠性的要求不尽相同,由多条总线构成的情况很多,线束的数量也随之增加。为适应"减少线束的数量""通过多个 LAN,进行大量数据的高速通信"的需要,1986 年德国,电气商博世公司开发出面向汽车的 CAN 通信协议。此后,CAN 通过 ISO 11898 及 ISO 11519 进行了标准化,在欧洲已是汽车网络的标准协议。CAN 的高性能和可靠性已被认同,以致 CAN 被广泛地应用于工业自动化、船舶、医疗设备、工业设备等方面。现场总线是当今自动化领域技术发展的热点之一,被誉为自动化领域的计算机局域网,它的出现为分布式控制系统实现各节点之间实时、可靠的数据通信提供了强有力的技术支持。

利用 CAN 总线数据采集法来测油耗,不需要对原车油路进行改造,方法较简易,无须提前标定,采集到的数据实时可靠,测量精度高。不足的是基于 CAN 总线的车辆油耗数据采集方法对汽车本身的生产配置有要求,对发动机的结构、性能也有要求。

车辆燃油消耗数据实时采集方法的适用方法、工作原理、理论精度和优缺点见表 5-4。

车辆燃烧油耗采集方法对比 表 5-4

检测设备		适用方法	工作原理	理论精度	优缺点
油路法	单传感器	后装改动车辆油路	测量供油管路的燃油流量	1%～3%	双油路法车辆燃油消耗采集方法受进回油温度、气泡等影响,测量误差波动较大,测量结果重复性较差;后期维护工作量大,存在一定的安全风险
	双传感器	后装改动车辆油路		1%～3%	
油箱法	原车油浮子式	前装	测量油箱燃油液位变化量	3%～5%	该方法测量误差为10%左右,但其测量结果稳定,且其为车辆前装,工作安全可靠,使用过程中仅需要车辆终端处理模块的费用,但前装该设备的车辆较少
	电容式	后装改动车辆的原有结构		1%～2%	测量精度较高,在实际使用过程中时需要根据被安装车辆油箱的尺寸定制,使用成本较原车油浮子式高,需要在油箱顶部打孔
	干簧管式	后装改动车辆的原有结构		1%～2%	

续上表

检测设备		适用方法	工作原理	理论精度	优缺点
油箱法	压力式	后装改动车辆的原有结构	测量油箱燃油液位变化量	1%~2%	安装过程中需要改动油箱,使用过程中如果安装不当可能会出现燃油泄漏等危险情况,存在安全隐患,不宜推广
	超声波式	后装不改动车辆的原有结构		2%~3%	测量精度高,不需要打孔,但测量精度受环境影响较大,前期需要对油箱进行标定
CAN总线法		前装	喷油器的脉冲宽度和喷油量	<2%	测量精度较高,但其对车辆自身配置要求较高,目前满足其要求的车辆数占车辆总数比例较小,但是它是未来车辆技术的发展方向,因此具备试运行的条件

5.2.3 碳排放数据采集终端

结合前文的分析以及市场调研情况,目前市场中应用较广泛的监测数据采集终端设备主要包括 OBD、油耗传感器、电表等。

1)OBD

OBD 是具有定位跟踪和远程诊断功能的车载终端,具备免安装、即插即用功能,插接于汽车诊断接口上,可实时获取位置信息、汽车诊断数据和故障信息,并上传到服务平台,由服务平台对这些数据进行分析、统计、存储和展现。图 5-6 所示 IDD-213GD 为 DBD 设备的一种。

2）油耗传感器

油耗传感器（图 5-7）安装时不需要在油箱上打孔，且不需要单独走线，不但缩短了安装时间，而且减少了安装成本，同时使原车油表显示更准确。

图 5-6　IDD-213GD　　　图 5-7　超声波油耗传感器

3）多功能电表

多功能电表（图 5-8）是采用现代微电子技术、计算机技术、电量技术、数据通信技术研发的，根据中国实际用电状况所设计、制造的具有国际先进水平的电能仪表，具有策略精度高、寿命长、功耗低、操作简便、易于实现管理功能扩展等特点。

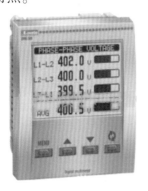 

图 5-8　多功能电表

5.2.4 数据报审及碳排放强度计算

1)数据报审制度

面向区域能耗碳排统计监测数据报送工作,可按部门层级,成立分级管理机制。可成立由省级交通运输主管部门、各市级交通运输主管部门、参与能耗统计监测的企业组成的三级管理架构,由省级交通运输主管部门牵头,联合行业管理局,负责总体协调能耗数据报送工作。

统计数据由于以人为操作为主,不可避免会产生误差,主要包括自然误差和人为误差,而对于人为误差和偏差巨大的自然误差,可以通过一定的数据校核方法进行区分和剥离。

(1)系统自动校核:同类交通运输工具的能耗及排放强度符合正态分布的规律,即从行业整体视角而言,某类交通运输车辆或船只的单耗会保持在一个平均水平上下浮动,因此,在统计了大量个体样本数据后,便可以分析得出一个交通运输行业能耗的正常值范围,利用这一阈值去校核个别样本企业的统计和监测结果,一旦结果与理论范围偏差较大,便需要对数据进行进一步核查。

数据初步校核主要由系统设置阈值完成,阈值可定期进行维护,不需要人工校核。同时,以下分析中的各阈值均为初始限值,因为考虑到时间、地域以及全国范围设备工艺等因素的不同,普适的限值在地方实行时可能会有误差,在系统运行一段时间后,对数据库进行分析,综合研究之后再给出适用于各地区及各行业的阈值。

(2)同类企业类比:通过同类企业的监测数据、统计数据,分析交通运输行业单耗水平,校核监测数据是否存在明显异常。动态类比主要分析同一时期,个别企业的能耗数据与行业总体水平的偏离情况,按不同时间段,给出分析结果。

(3)人工抽样校核:以企业能源购置发票为依据,拟通过平台,由参与能耗统计监测工作的企业上传发票数据,管理部门通过平台调用,对上报数据进行抽样校核。在要求企业上传发票的前提下,对其填报过程中数据真实性也具有一定的保障作用。

2)交通运输碳排放强度测算方法

测算采用《IPCC 国家温室气体清单指南 2006》规定的计算方法,可以得出交通运输碳排放总量,而这个总量与行业总运输周转量或生产量的比值即为碳排放强度。交通运输行业单耗和碳排放强度指标见表5-5。

交通运输单耗及碳排放强度指标　　　表5-5

序号	行业	单耗指标	碳排放强度指标
1	公路运输	单辆百公里燃料消耗量($L/100km$); 百吨(千人)公里燃料消耗量[$L/(100t·km)$或$L/(1000$人·$km)$]	单辆百公里碳排放量($tCO_2/100km$); 百吨(千人)公里碳排放量[$tCO_2/(100t·km)$或$L/(1000$人·$km)$]
2	城市客运	千人燃料消耗量($L/1000$人)	千人碳排放量($tCO_2/1000$人)
3	水路运输	单位产量(周转量)燃料消耗量[$kg/(1000t·km)$]	单位产量(周转量)碳排放量[$tCO_2/(1000t·km)$]
4	港口生产	装卸生产能源单耗($tce/$万t); 港口综合能源单耗($tce/$万t)	单位装卸生产碳排放量($tCO_2/$万t)
5	基础设施建设	单位建设里程能源消耗(tce/km); 万元建安费能源消耗($tce/$万元)	单位建设里程碳排放量(tCO_2/km); 万元建安费碳排放量($tCO_2/$万元)
6	公路运营	单位里程运营能耗(tce/km)	单位里程碳排放量(tCO_2/km)

其中,《IPCC 国家温室气体清单指南 2006》规定的碳排放量计算方法为:

$$C_{ij} = EC_{ij} \cdot EF_{ij} \qquad (5\text{-}1)$$

式中: C_{ij} ——采用 j 种燃料的第 i 种运输工具碳排放当量;

EC_{ij} ——第 i 种运输工具第 j 种燃料消费量;

EF_{ij} ——第 i 种运输公交第 j 种燃料的 CO_2 排放因子。

由上式计算得出碳排放总量后,结合生产总量,即可得出行业某类运输工具碳排放强度:

$$EI_{ij} = C_{ij}/TT_{ij} \qquad (5\text{-}2)$$

式中: EI_{ij} ——某特定行业中,采用 j 种燃料的第 i 种运输工具碳排放强度;

C_{ij} ——采用 j 种燃料的第 i 种运输工具碳排放当量;

TT_{ij} ——采用 j 种燃料的第 i 种运输工具总运输生产量。

对某个行业而言,其行业碳排放强度 EI 为其各类能源消耗产生的碳排放总量与其总运输生产量之比:

$$EI = \frac{\sum C_{ij}}{\sum TT_{ij}} \qquad (5\text{-}3)$$

以城市公交为例,城市公交碳总排放量 $= \dfrac{\sum 企业季度总排放量}{\sum 企业季度行驶里程} \cdot$ 地市上报季度总客运量。依此类推,计算得出相应碳排放量。

交通运输行业碳排放强度分析如图 5-9 所示。

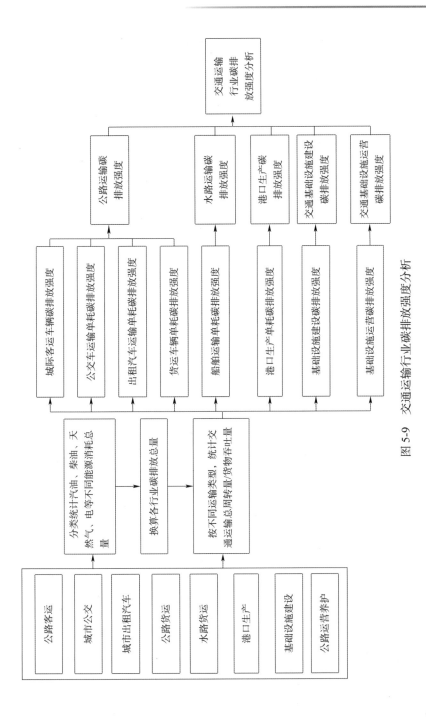

图 5-9 交通运输行业碳排放强度分析

5.3　预测模块构建

对于预测模块,其核算模型主要采用自上而下、自下而上两类模型。因此,本部分构建的预测模块的核心模型采用自上而下和自下而上相结合的方式,具体构架如图5-10所示。

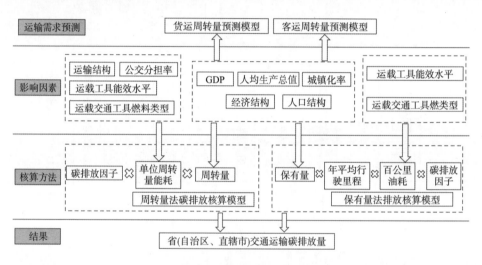

图 5-10　预测模块框架

5.3.1　货物运输需求预测模型

1)数据处理

货运需求预测需要对运输量统计数据进行同口径处理。考虑到我国货运量统计口径发生过多次变化,研究按照同增长率法修正历史营运性货运量级和货物周转量。同增长率法即以新的运输量为基数,以各年增长率为系数推算往年运输量。此方法算法简单,涉及指标少,是国内外常用此方法修正。同增长率法调整公式如下:

$$r_n = \frac{Y_n}{Y_{n-1}} \tag{5-4}$$

$$Y'_{n-1} = \frac{Y'_n}{r_n} \tag{5-5}$$

式中：r_n——第 n 年货运量（货物周转量）；

Y_n——第 n 年原统计口径货运量（货物周转量）；

Y_{n-1}——第 $n-1$ 年原统计口径货运量（货物周转量）；

Y'_n——第 n 年新统计口径货运量（货物周转量）；

Y'_{n-1}——第 $n-1$ 年新统计口径货运量（货物周转量）。

2）预测模型

现阶段较为主流的预测模型主要包括增长率法模型和多元回归模型，具体模型介绍如下。

（1）增长率法模型。

增长率法是根据预测对象的预计增长速度进行预测的方法。预测模型一般形式如下：

$$Q_t = Q_0 \times (1 + a)^t \tag{5-6}$$

式中：Q_t——第 t 年货运需求总量；

Q_0——现状货运需求总量；

a——年均增长率，%；

t——时间，年。

（2）多元回归模型。

设因变量 y 与自变量 $x_1,x_2,x_3,\cdots,x_n$ 间存在着线性相关性，则多元线性回归模型可表示为：

$$y = b_0 + b_1 \times x_1 + b_2 \times x_2 + \cdots + b_n \times x_n \tag{5-7}$$

式中：b_0、b_1、b_2、$\cdots$、b_n——待定系数，由最小二乘法确定；

x_1、x_2、$\cdots$、x_n——自变量。

考虑到本次货运需求预测,需要综合考虑众多因素,因此,在采用多元回归模型进行需求量预测时,重点考虑 GDP、经济结构、人口、城镇化率、消费理念与货物周转量的关系,量化其具体数据,构建多元回归模型。

$$Q(\hat{b_0}, \hat{b_1}) = \sum_i^n (y_i - \hat{b_0} - \hat{b_i} \cdot x_i)^2 = \min_{b_0 b_i} \sum_i^n (y_i - b_0 - b_i \cdot x_i)^2 \quad (5\text{-}8)$$

$$\hat{b_i} = \frac{\sum (x_i - \bar{x})(y - \bar{y})}{\sum (x_i - \bar{x})} \quad (5\text{-}9)$$

$$\hat{b_0} = \bar{y} - \sum \hat{b_i} \bar{x} \quad (5\text{-}10)$$

回归方程的拟合优度检验就是要检验样本数据聚集在样本回归直线周围的密集程度,从而判断回归方程对样本数据的代表程度,一般用判定系数 R^2 实现:

$$R^2 = SSR/SST = 1 - SSE/SST \quad (5\text{-}11)$$

其中,SST(Sum of Squares Total)为总平方和,SSR(Sum of Squares due to Regression)为回归平方和,SSE(Sum of Squares due to Error)为误差平方和。

判定系数 R^2 测度了回归直线对观测数据的拟合程度。若所有观测值 y_i 都落在回归直线上,$R^2 = 1$,拟合是完全的;如果回归直线没有解释任何离差,y 的总离差全部归于残差平方和,$R^2 = 0$,自变量与因变量完全无关;通常观测值都是部分落在回归直线上,即 $0 < R^2 < 1$。R^2 越接近于 1,表明回归直线的拟合度越好;R^2 越接近于 0,回归直线的拟合度越差。

回归方程的显著性检验是对因变量与所有自变量之间的回归关系是否显著的一种假设检验,一般采用 F 检验。

$$F = [SSR/1] / [SST/(n-2)] \quad (5\text{-}12)$$

根据给定的显著水平 α 计算 F 值所对应的概率 p 值,若 $p < \alpha$,则说明因变量与自变量的回归关系显著;若 $p > \alpha$,则说明因变量与自变量的回归关系不显著,本书中 α 取 0.1。

回归系数的显著性检验是根据样本估计的结果对总体回归系数的有关假设进行检验,一般采用 t 检验。根据给定的显著性水平 α ,计算 t 值对应的 p 值,若 $p < \alpha$,则说明回归系数与零有显著差异,因变量与自变量的回归关系显著;若 $p > \alpha$,则说明回归系数与零无显著差异,因变量与自变量的回归关系不显著, α 取 0.1。

参数检验结果见表5-6。

参数检验结果   表5-6

指标	标准系数	t	显著性(Sig.)
GDP	1.165	5.600	0.000
经济结构	0.319	6.958	0.000
人口	0.654	2.893	0.014
城镇化率	−0.607	−1.967	0.073
消费理念	0.3132	5.322	0.004

判定系数 $R^2 = 0.992$,表明回归直线的拟合度较好。

不同货物运输模式承担不同比例的货物周转量。

$$\begin{cases} \mathrm{Tf} \times T_t\_\mathrm{Share} = T_t \\ \sum_j (\mathrm{Tf} \times T_{rj}\_\mathrm{Share}) = T_r \\ \mathrm{Tf} \times T_a\_\mathrm{Share} = T_a \\ \mathrm{Tf} \times T_w\_\mathrm{Share} = T_w \\ \mathrm{Tf} \times T_p\_\mathrm{Share} = T_p \\ \sum_t^p T_{t,r,a,w,p}\_\mathrm{Share} = 1 \\ \sum (T_t + T_r + T_a + T_w + T_p) = \mathrm{Tf} \end{cases} \tag{5-13}$$

式中: T_t 、 T_r 、 T_a 、 T_w 、 T_p ——铁路货运、公路货运、航空客运、水路客运、管道货运;

j ——机动车类别,具体包括营运货车、大型货车、中型

货车、小型货车、微型物流车;

$T_{t,r,a,w,p}$_Share——铁路货运、公路货运、航空客运、水路客运、管道货运所占比例;

Tf——总货物周转量。

5.3.2 旅客运输需求预测模型

旅客运输需求预测模型较为成熟。本书将主要采用多元回归模型、弹性系数模型和相似情景法三种方法对未来旅客运输需求进行预测,综合比对模型结果后得到我国旅客运输需求量。

1)多元回归模型

人均出行次数函数形式如下:

$$y = \frac{K}{1 + ae^{-a_1 x_1} + be^{-b_1 x_2} + ce^{-c_1 x_3} + de^{-d_1 x_4}} \tag{5-14}$$

式中:
y——人均出行次数,次;

x_1——人均生产总值,美元;

x_2——15~64 岁人口比例,%;

x_3——第三产业比例,%;

x_4——城镇化率,%;

K、a、a_1、b、b_1、c、c_1、d、d_1——参数。

通过识别出行需求的主要驱动因素并模拟出行需求与这些因素之间的数学关系来预测中国的乘客出行需求(以亿人·km 为单位)。使用累积威布尔函数来模拟我国人均公里的增长趋势:

$$T_i = T_i^* \times (1 - e_i^{-x^\gamma}) \tag{5-15}$$

$$Tu_i = T_i \times Po_i \times y \tag{5-16}$$

式中:T_i——第 i 年人均单次出行距离;

T_i^*——第 i 年单次饱和行程距离;

x——人均生产总值；

γ——确定曲线形状的参数，从历史交通数据和经济数据中回归，数据来源于 2000 年和 2015 年的中国交通数据；

Tu_i——第 i 年的中国旅客周转量；

Po_i——中国的第 i 年人口。

2）弹性系数模型

弹性系数法可由式（5-17）表示：

$$Q = Q_0 \times (1 + T \times R_{\mathrm{GDP}}) \tag{5-17}$$

式中：Q——未来客运需求；

Q_0——现状客运需求；

T——客运弹性系数；

R_{GDP}——GDP 增速。

根据各项研究，"十三五"期间，随着我国经济发展步入新常态，产业转型升级步伐加快，人均收入水平将进一步提高，我国将逐渐迈入小康社会，消费对经济的贡献率进一步提升，预计客运弹性系数将大于 1。2020—2030 年，我国经济发展进入平稳状态，同时，大规模交通基础设施建设基本完成，我国交通运输基础设施网络水平到达稳定状态，预计客运需求的弹性系数将保持在 0.8 左右。

2030—2045 年，我国将逐步进入后工业化阶段，交通运输作为经济社会发展的基础性、先导性产业，将率先实现现代化，同时，考虑到我国人口总量将进一步下降，预计客运弹性系数将回落至 0.5。

3）相似情景法

根据国际经验分析，日本和美国在 1980 年左右，人均生产总值为 1.5 万美元，在 1985—1990 年超过 2 万美元之后，旅客周转量增长速度明显下降。2000—2005 年，人均生产总值达到 3 万美元以上，日本和美国人均旅客周转量达到峰值。2015 年，北京市人均生产总值达到 1.71 万美元；预计我国人均生

产总值在 2030 年约为 1.6 万美元,在 2045 年达到 2.5 万美元左右。考虑到我
国与美国、日本等发达国家国情存在差别,综合参考美国、日本在不同收入阶
段与人均旅客周转量变化规律(表 5-7)来预测不同客运运输模式承担不同比
例的旅客周转量。

相似国家旅客周转量情况

表 5-7

国家	指标				
	年份 (年)	人均生产总值 (美元)	人均旅客周转量 (人·km)	总人口 (百万)	总旅客周转量 (亿人·km)
美国	1985	18270	26873	237.9	63932
	1990	23955	25810	249.6	64423
日本	1980	18526	6678	117.1	7820
	1985	24055	7091	121.1	8580

$$
\begin{cases}
T_t \times T_t\_\text{Share} = T_t \\
\sum_j (T_u \times T_{rj}\_\text{Share}) = T_r \\
T_u \times T_a\_\text{Share} = T_a \\
T_u \times T_w\_\text{Share} = T_w \\
T_u \times T_c\_\text{Share} = T_c \\
T_u \times T_p\_\text{Share} = T_p \\
T_u \times T_{ta}\_\text{Share} = T_{ta} \\
T_u \times T_{sub}\_\text{Share} = T_{sub} \\
T_u \times T_{mo}\_\text{Share} = T_{mo} \\
\sum_t^{mo} T_{t,r,a,w,c,p,ta,sub,mo}\_\text{Share} = 1 \\
\sum (T_t + T_r + T_a + T_w + T_c + T_p + T_{ta} + T_{sub} + T_{mo}) = T_u
\end{cases}
\tag{5-18}
$$

式中:T_t、T_r、T_a、T_w、T_c、T_p、T_{ta}、T_{sub}、T_{mo}——城际客运中铁路客运、城际客运中

公路客运、城际客运中的航空客

运、私人乘用车客运、公共汽电车

客运、出租汽车客运、城市交通轨

道客运和摩托车客运;

j——机动车类别,具体包括运营客车、

大型客车、中型客车、小型客车;

$T_{t,r,a,w,c,p,ta,sub,mo}$_Share——城际客运中铁路客运、城际客运中

公路客运、城际客运中的航空客

运、私人乘用车客运、公共汽电车

客运、出租汽车客运、城市交通轨

道客运和摩托车客运所占比例。

T_u——总旅客周转量。

5.3.3 机动车碳排放预测模型

1)货运车辆能耗与碳排放模型

本书中,采用自下而上的模型预测货运车辆能源消耗和碳排放,具体结构如图 5-11 所示。

货运车辆周转量、燃料消耗和温室气体排放核算模型构建如下:

$$NR_{i,k,m} = PR_{i,k,m} + IM_{i,k,m} - EX_{i,k,m} \qquad (5-19)$$

$$TR_{i,m} = \sum_k NR_{i,k,m} \times SR_{i,m,k} \qquad (5-20)$$

$$Tot_{i,k} = \sum_k TR_{i,m,k} \times Dis_{i,k,m} \times FL_{i,m,k} \qquad (5-21)$$

式中:$NR_{i,k,m}$——第 i 年使用在城市 m 新登记的 k 型燃料的分类货车的

数量;

$PR_{i,k,m}$——第 i 年城市 m 中 k 型燃料的货车的数量;

$IM_{i,k,m}$——第 i 年城市 m 进口的 k 型燃料货车的数量;

$EX_{i,k,m}$——第 i 年城市 m 出口的 k 型燃料货车的数量;

$\text{TR}_{i,m}$——城市 m 登记的 k 类货车总数；

$\text{SR}_{i,m,k}$——第 i 年登记的分类货车的存活率；

Tot_i——第 i 年城市 m 的货物的周转量；

$\text{Dis}_{i,k,m}$——第 i 年城市 m 中 k 型燃料货车的平均距离，从城市交通委
员会、交通管理局、车辆管理所等部门收集，并由研究人员
统计和整理；

$\text{FL}_{i,m,k}$——第 i 年城市 m 中 k 型燃料货车的货物装载量。

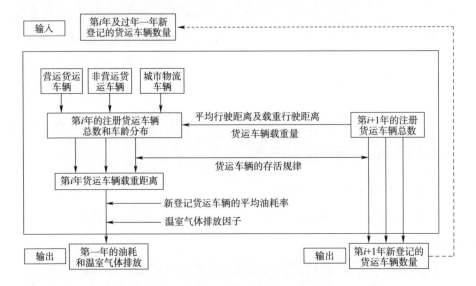

图 5-11　货运车辆能耗与碳排放模型结构图

$$\text{IFT}_{i,k,m} = \sum_k \frac{\text{VFT}_{i,m,k}}{\text{FL}_{i,m,k}} \times \text{Tot}_{i,m} \tag{5-22}$$

$$\text{GET}_{i,m} = \sum_i \text{EF}_{i,k} \times \text{VT}_m \times \frac{\text{VFT}_{i,m,k}}{\text{FL}_{i,m,k}} \times \text{Tot}_{i,m} \tag{5-23}$$

式中：$\text{IFT}_{i,k,m}$——第 i 年城市 m 中货车的燃油消耗量；

$\text{VFT}_{i,m,k}$——第 i 年城市 m 中 k 型货车每百公里的能耗；

$\text{FL}_{i,m,k}$——第 i 年城市 m 中 k 型燃料货车的货物装载；

$\text{Tot}_{i,m}$——第 i 年城市 m 的货物周转量;

$\text{GET}_{i,m}$——第 i 年城市 m 中货车的温室气体排放量;

$\text{EF}_{i,k}$——第 i 年 k 型燃料的温室气体排放因子;

VT_m——城市 m 的货车车辆速度系数,它将影响 $\text{VFT}_{i,k}$。

根据车辆管理所、社会科学研究院等机构调研数据,城市货运中各类车辆依照其载重,可区分其主要用途。其中,全部营运货车,非营运货车中重型货车、中型货车、部分轻型货车主要承担城际货运(极小部分这类车型会承担城市客运,本书不考虑此类情景)。部分轻型货车和微型货车以及快递三轮车主要承担城市客运。此类车型的规格、出行距离以及数据来源见表5-8。

货运机动车规格、行驶里程　　表5-8

车型	载重规格	行驶里程(km)	数据来源
重型货车	最大总质量大于14t	70000	统计数据
中型货车	最大总质量大于6t小于14t	50000	统计数据
轻型货车	最大总质量大于1.8t小于6t	35000	统计数据
微型货车	最大总质量小于1.8t	13000	统计数据
物流三轮车	最大总质量小于0.5t	8000	估算数据

未来货车保有量主要与国家经济与经济结构密切相关,结合未来我国货运需求、货运结构的变化,综合分析未来我国货运车辆保有量。

2)客运车辆碳排放模型

(1)客运车辆碳排放模型。

保有量法客运碳排放核算模型中,客运主要分为私人乘用车(PPVs),公务乘用车(BPVs)、公共汽电车(PBs)和出租汽车(TXs)。PPVs被定义为个人拥有和使用的乘用车。BPVs被定义为企业和政府拥有和使用的乘用车。此外,各类乘用车分为百种类别,涵盖了在中国销售的大多数车型。对于每种车型,通过参考乘用车数据库获得包括整备质量、发动机排量和变速器类型的规格,其可用于估计乘用车的平均燃料消耗率(FCR)和碳排放强度系数。公共汽电车和出租汽车的数据可以通过各个城市交通统计年鉴获取。客运车辆能耗与碳排放模型结构图如图 5-12 所示。

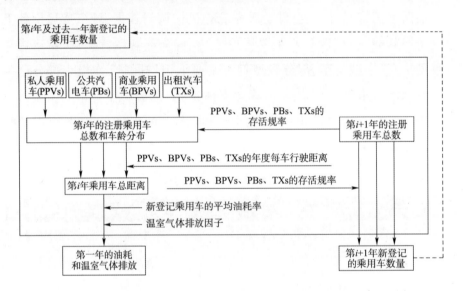

图 5-12　客运车辆能耗与碳排放模型结构图

本书使用车辆生产、进出口量来估计所有乘用车的新注册量,然后通过将总数除以分别估算 PPVs、PBs、BPVs 和 TXs 的新注册量。公路车辆的生产和销售量由中国汽车工业协会编辑出版制造商(CAAM)提供。在 CAAM 统计中,乘用车分为汽车、多功能车、运动型多功能车和跨界车。中国的车辆进出口分类由中华人民共和国海关总署编制。它的分类不同于 CAAM 使用的分类,而是根据两种分类之间的对应关系对进出口进行了重新分类。

PBs、PPVs、BPVs 和 TXs 的新注册估计为如下:对于 TXs,假设车辆的服务时间都是 6 年。基于此假设,可以对 TXs 进行新的注册从总注册中追溯的信息(《中国城市统计年鉴》)。对于 PBs,可以直接从《中国城市统计年鉴》中获取。对于 PPVs 和 BPVs,假设新注册中的比例大于当年新车增量相同。

$$NR_{i,k} = (PR_i + IM_i - EX_i) \cdot SR_i^{i,k} \tag{5-24}$$

式中:$NR_{i,k}$——第 i 年新登记的第 k 类乘用车的数量;

PR_i——第一年生产的乘用车数量;

IM_i——第一年进口的乘用车数量;

EX_i——第一年出口的乘用车数量;

$SR_i^{i,k}$——第 i 年新登记的第 k 类乘用车在所有新登记的乘用车中所占比例。

城市车辆周转量计算公式如下:

$$Tov_{i,m} = \sum_k NR_{i,k} \times Dis_{i,k,m} \times VP_k \tag{5-25}$$

式中:$Tov_{i,m}$——第 i 年城市 m 中的车辆周转量;

$Dis_{i,k,m}$——第 i 年城市 m 车辆 k 是行驶的平均距离,由研究人员估算和收集;

VP_k——k 型车辆在城市 m 中装载的平均人数。

客运车辆的能源消耗和温室气体排放模型如下:

$$IFC_{i,k,m} = \sum_k \frac{VFC_{i,k,m}}{VP_k} \times Tov_{i,m} \tag{5-26}$$

$$GE_m = \sum_k EF_{i,k} \times VS_m \times \frac{VFC_{i,k,m}}{VP_k} \times Tov_{i,m} \tag{5-27}$$

式中:$IFC_{i,k,m}$——第 i 年城市 m 中 k 型乘用车的燃油消耗量;

$VFC_{i,k,m}$——第 i 年城市 m 中每百公里 k 型车辆的能耗系数,其数据来自《中国城市统计年鉴》;

VP_k——k 型车辆在城市 m 中装载的平均人数,其数据来自《中国城市统计年鉴》;

GE_m——温室气体排放量;

$EF_{i,k}$——第 i 年 k 型乘用车的温室气体排放因子,其数据来源于自
国家统计局;

VS_m——城市 m 的车辆速度系数,如图 5-13 所示。

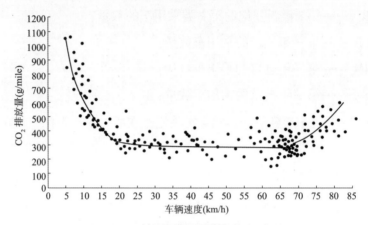

图 5-13 车辆碳排放强度的修正因子

(2)影响私人乘用车保有量的主要因素。

居民收入分布、价格变化会对私人乘用车保有量产生影响。

①居民收入分布的影响。

居民收入通常是影响汽车保有量最主要的因素。随着社会经济的发展,一个国家的家庭收入状况也会不断变化,对于持续发展中的国家,体现为家庭可支配收入平均值的提高和收入水平差距的变小。本书基于文献调研对我国经济发展情况对未来城乡居民经济发展水平进行了合理估计。通常以对数正态分布来表达国民收入分布水平,通过调整对数正态分布主要参数,分布平均值的增大可以表征国民收入水平的提高,分布方差的变小表征了收入差距的变小。对数正态分布的概率密度函数如下:

$$f(x,\mu,\sigma) = (x \cdot \sigma \cdot \sqrt{2\pi})^{-1} \cdot \exp\frac{-(\ln(x)-\mu)^2}{2\sigma^2} \tag{5-28}$$

式中:μ、σ——模型参数,可以通过我国人均单位生产总值和收入分布集中度估算。

②价格变化。

考察我国汽车市场发展情况,汽车产品售价呈现了明显的下降趋势。一方面由于汽车产品的制造具有极强的规模效应,随着生产量的增加,成本实现了下降;另一方面也得益于汽车技术的进步,能够不断以更低的成本满足人们的需求。有学者提出以汽车价格指数(Automotive Price Index,API)考察汽车产品价格的变化。API 采用市场所有可比车款的当月价格与上月价格作为样本,用每个比车型价格变化率加权平均,得到整体市场的阅读价格变化情况。

此方法需要长期跟踪相关数据,本书主要采用其他机构的研究数据,假设普通私人乘用车成本随着时间推移而逐步下降,不同车型在下降到一定程度后保持稳定。

(3)出租汽车保有量。

出租汽车保有量会随着城市发展而变化,影响因素包括并不限于城市规模、人数量、人民生活水平等。出租汽车保有量具体有以下特点:第一,出租汽车保有量水平与城市规模密切相关。出租汽车保有量水平会随着城市规模的扩大而提高。大中型城市出租汽车数量较多,中小型城市出租汽车数量相对较少。第二,出租汽车保有水平与城市发展规划密切相关地方政府一般都会制定公共交通计划,严格控制出租汽车数量,这类车辆的增长体现了一定的人为控制因素。在本书中,未来网约车的增长也划归为出租汽车部分。根据对历年,尤其是 2014 年网约车出现后各个不同城市出租汽车保有量的增长数据进行拟合,得到不同城市规模下,城市出租汽车保有量和城市人口数量有较强的正相关性。同时,城市人口规模越大的城市,网约车数量越多。根据对未来中国宏观经济以及共享经济的判断,得到未来出租汽车的保有量,以及占城市机动车出行比例。

(4)公共交通工具预测。

公共交通工具的数量更多受到政府政策、城市居民出行习惯等因素的影响。从历年的轨道交通车辆数、客运量、运营里程,以及公交车数量、客运量、运营里程可以看出,尽管我国公共汽电车数量和里程在逐年上升,但2015年后,公交车承担的客运量在持续下降。与之对比,我国轨道交通车辆数、客运量和运营里程在逐年上升。通过对比不同规模城市的公共交通变化发现,在大规模建设轨道交通的城市,公交车客运量呈现显著下降趋势。基于此,未来我国公共汽电车将在短时间内(5~10年)保持一定程度的缓慢增加,主要增长点来自人口规模少于300万的城市[《国务院办公厅关于进一步加强城市轨道交通规划建设管理的意见》(国办发〔2018〕52号)规定,申报建设地铁的城市一般公共财政预算收入应在300亿元以上,地区生产总值在3000亿元以上,市区常住人口在300万以上],并且在长时间内,随着共享出行、定制公交等新业态、新模式的涌现,城市公交车数量将呈现显著下降趋势(表5-9)。

我国历年城市公共交通发展情况　　　　　表5-9

年份 (年)	城市轨道交通			公共汽电车		
	车辆数 (万辆)	客运量 (亿人次)	里程 (万·km)	车辆数 (万辆)	客运量 (亿人次)	里程 (亿·km)
2010	0.56	55.7	1223	42.18	714	199.8
2011	0.85	71.3	1426	45.88	716	205.8
2012	1.14	87.3	1928	52.82	750	273.9
2013	1.44	109.2	2408	57.3	771	279.8
2014	1.73	126.7	2816	59.79	782	297.9
2015	1.99	140.0	3729	56.18	765	316.9
2016	2.38	161.5	3728	60.86	745	337.8
2017	2.83	184.3	4555	65.12	723	358.3
2018	3.00	207.1	4882	67.11	697	355.2

5.4 效应模块构建

5.4.1 推动减量技术应用,提高减碳效率

1)减量技术路径设计

以绿色交通先行示范区建设为引领,推动交通运输绿色化水平的提升。重点在绿色铁路、绿色公路、绿色枢纽(场站)、绿色港口、绿色航道、绿色航站楼领域应用。

在交通运输基础设施建设时,坚持以资源环境承载能力为刚性约束条件,采用适合本地发展的减量技术。将交通发展区域划分为先行发展区、优化发展区、适度发展区。在先行发展区要率先将绿色发展理念融入交通发展全过程,充分发挥绿色交通在区域经济发展中的先行引领作用;在优化发展区加快转变交通运输发展方式,降低资源能源消耗;在适度开发区要充分考虑生态环境承载能力,加大生态保护和修复力度。

强化基础设施规划设计阶段的减量技术应用,做好交通规划与城市规划、土地利用规划、综合交通规划的协调衔接,落实规划和建设项目环境影响评价要求,推进生态选线选址,强化生态环保设计,避让耕地、林地、湿地等具有重要生态功能的国土空间,对交通基础设施空间布局的绿色发展实行源头管理。

推广公路钢结构桥梁、交通运输领域装配式建筑等成熟减量技术应用。广泛应用生态型声屏障、耐久降噪路面等绿色技术和材料。借鉴海绵城市设计理念,通过透水路面铺装、下沉式绿化带等建设海绵公路,提高适应环境变化和应对自然灾害等的弹性。

2）减量技术路径减碳效果评估

本书预测，通过减量技术的应用，到 2030 年，能够实现减碳 5612 万 t，到 2050 年，减量技术普及度增长，其边际减碳量下降，能够减少碳排放 3234 万 t（图 5-14）。

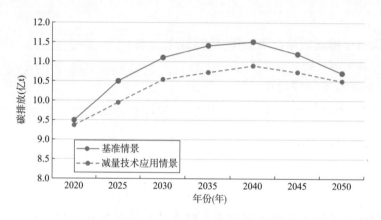

图 5-14　2020—2050 年减量技术应用效果

5.4.2　加快替代技术应用，以多元化能源结构推动"零排放"

1）替代技术路径设计

大力发展新能源和清洁能源车船，促进交通能源动力系统的电动化、高效化、清洁化。推动城市公共交通、出租汽车、城市物流配送车辆、机场、铁路货场、重点区域港口等运输工具全部实现电动化、新能源化和清洁化；研究电动货车、氢燃料电池重载货车的应用，促进公路货运节能减排。支持发展和推广智能充电桩。推广应用 LNG 动力船舶，发展电动船舶。发展以生物燃料和电能为动力的通用航空动力。加强新能源工程设备研发，推进交通工程领域节能环保设备的推广应用。在大型专业化集装箱码头和干散货码头推广应用自动化装卸模式，发展智能集装箱、智能港口机械、智能引导车。

全面推进港口岸电和船舶受电设施设备建设。对岸电需求较大、基础条件较好的港口，鼓励加快岸电设施建设，争取实现 100% 的泊位岸电覆盖率。鼓励已建船舶进行受电设施改造,推动船舶靠港使用岸电,大幅提高岸电设施使用率,全国主要港口和排放控制区内港口靠港船舶率先使用岸电。研究新建船舶受电设施设计建造规范,完善港口岸电设施建设、检测以及船舶受电设施建造、检验相关标准规范,积极争取岸电电价扶持政策。

严格实施道路运输车辆燃料消耗量限值准入制度,推进对营运车辆燃料消耗检测的监督管理。统筹油、路、车综合治理。以车辆达标排放为主线,建立严格的机动车全防全控环境监管制度。加快更新老旧和高能耗、高排放营运车辆。加强重污染天气大宗商品汽车运输中错峰运输管控,强化运输过程的抑尘设施应用。推进汽车绿色维修发展,加强对废油、废水和废气的治理。

建立在用汽车检测与维护(I/M)制度。积极运用汽车维修电子档案系统和大数据分析等多种技术手段,建立动态抽查制度,确保在用车达到能耗和排放标准。目前汽车检测与维护制度(I/M 制度)实施效果不理想,全国98%以上简易瞬态工况法检测设备无生产许可证。一些检测机构人员可通过调节检测设备采样管开关、检测设备软件,根据不同指令出具检测结果、检测结果被人为篡改等方式,让高污染车不经过维修就能检测合格拿到绿标上路行驶。

促进多式联运装备的标准化发展,推广标准化运载单元和专业化联运设备,支持多式联运装备升级改造。大力推广应用集装化运输装备,推进铁路多式联运专用装备、载货汽车、内河运输船舶、江海直达船舶的标准化。推进载运工具轻量化,大力推广应用高效率、大推力发动机装备设备。

2)替代技术路径减碳效果评估

运输工具的碳排放量在交通运输能源消费和 CO_2 总排放量中的占比较大,尤其货车的 CO_2 排放量占比达50%以上。为此,要大力发展新能源和清洁能源车辆,率先推动城市公共交通全部实现电动化、清洁化,城市物流配送车辆全部实现新能源化,并制定传统化石能源汽车退出市场时间表;加强新能源工程设备研发,推进工程节能环保设备的推广应用。本书预测,到2030年、2050年,新能源汽车的新车销售占比分别可望达到35%和65%;货运车型中,新能源车占比分别达5%和10%。在此情况下,CO_2排放量预计下降1764万t和3018万t,如图5-15所示。

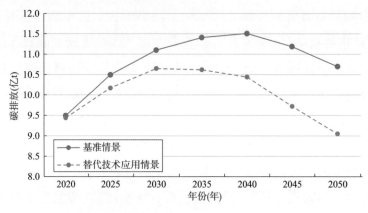

图5-15　2020—2050年替代技术应用效果

5.4.3　推动增效技术应用,发挥增效减碳技术的支撑作用

1)增效技术路径设计

推进信息技术与交通运输行业管理和服务的深度融合,开展大数据、云计算、移动互联等技术研发,加强综合交通大数据中心建设。加强交通运输数据采集、收集与信息资源交换共享,提出绿色交通相关数据资源交换技术规范。充分发挥市场机制,组织实施"互联网+便捷交通""互联网+高效物流"等示范项目,开展信息服务"畅行中国"专项行动。当前,随着交通运输信息化深入发展,深层次数据共享的需求越来越强烈,目前交通运输行业信息化发展中"散"的问题逐步凸显,主要表现为信息资源不共享、软件平台不统一、硬件设备不集约等,使得各个部门间甚至部门内形成了一个个"信息孤岛",大数据分析技术得不到充分的利用,无法满足绿色交通分析与监管、

公众信息服务等数据支持的需要,迫切需要建设信息资源采集、收集与交换共享体系。"互联网 + 便捷交通"可建立大范围内、全方位发挥作用的,实时、准确、高效的综合运输和管理系统,使人、车、路密切配合达到和谐统一,发挥协同效应,极大提高交通运输效率;"互联网 + 高效物流",可降低物流成本 30% 左右,实现节能减排。

提升低碳交通技术研发能力。集中优势资源,在国家重点研发计划等科研专项中设置绿色低碳交通相关研究,着力突破交通运输低碳发展的相关技术瓶颈。瞄准科技前沿,强化基础研究,重点围绕基础设施、载运工具、运输组织等方面的科技攻关,协同推进先进轨道、大气和水污染防治、水资源高效开发利用等重点专项及高科技船舶科研项目的实施。

加快推进低碳交通成果转化与推广。编制交通运输行业重点节能低碳技术目录,加快节能、环保、生态、先进适用技术、产品的推广和应用,加大 BIM 应用技术、车牌识别、新一代快速支付系统、快速安检系统、新型智慧物流汽车等技术在绿色交通与绿色出行领域的应用。积极推进绿色交通科技成果市场化、产业化,大力推进绿色低碳循环交通技术、产品、工艺的标准、计量检测、认证体系建设。

加快完善低碳交通的科技创新机制。建立健全绿色交通科技投入机制,逐步形成以政府为引导、企业为主体、社会和中介机构积极参与的交通科技投入体系。建立以企业为主体、产学研用深度融合的低碳交通技术创新机制,鼓励交通行业各类低碳交通创新主体建立创新联盟,建立低碳交通关键核心技术攻关机制。建立低碳交通关键技术与产品推广应用的信息沟通和共享平台、鼓励性政策和管理机制。建设一批具有国际影响力的低碳交通实验室、行业研发中心、试验基地、技术创新中心等创新平台,加大资源开放共享力度,优化科研资金投入机制。

大力发展智慧交通。推动大数据、互联网、人工智能、区块链、超级计算等新技术与交通行业深度融合。推进数据资源赋能交通发展,加速交通基础设施网、运输服务网、能源网与信息网络融合发展,构建泛在先进的交通信息基础设施。构建综合交通大数据中心体系,深化交通公共服务和电子政务发展。大力推进北斗卫星导航系统在交通运输领域的应用。

2)增效技术路径减碳效果评估

构建安全、便捷、高效、绿色、经济的现代化综合交通体系,要以先进技术创新来引领支撑。技术进步也是提高运输效率、降低碳排放的主要因素之一。本书预测,由于技术进步的推动,与 2020 年相比,营运车辆客车、营运货车、营运船舶在 2030 年的单位运输周转量 CO_2 排放量分别可下降 30%、40% 和 15%;2030 年和 2050 年分别可减少 CO_2 排放量 8493 万 t 和 19576 万 t(图 5-16)。为实现此目标,要大力推动大数据、移动互联网、云计算、人工智能在交通运输领域的应用,发展智能集装箱、智能港口机械、智能引导车,推广自动化码头,以及快递无人机、自动驾驶(研究表明自动驾驶状态下道路通行能力能够提高 21.6% ~64.9%)等,另外要推广应用生态驾驶等(据相关调查和试验研究,不同操作水平的驾驶员驾驶车辆油耗相差达 7% ~25%,生态驾驶可以使车辆节能 10% ~20%)。

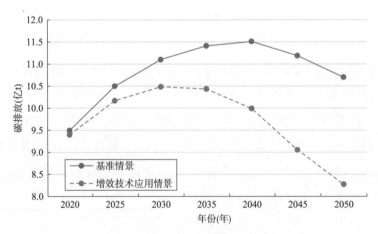

图 5-16   2020—2050 年增效技术应用效果

5.4.4　加快循环技术应用,推动形成绿色低碳交通生产生活方式

1)循环技术路径设计

调查梳理需修复的重点路段,开展交通基础设施生态修复规划的编制和研究工作,组织实施生态修复工程。加强生态选线,推行生态修复技术,增强交通基础设施建设在云贵川、长江沿线等重要生态脆弱区、水源保护区的管控。"十三五"以来,我国交通基础设施建设处于高速发展期,但由于生态环保理念、资金和技术等方面尚不完善,不可避免地对周边自然环境、生态环境、景观环境造成了破坏,水土流失问题严重,对动植物生存产生了恶劣的影响,特别是中西部地区面临着生态脆弱区和国家生态安全屏障区生态环境保护的双重压力,因此,开展生态保护和修复工程,对我国提升生态系统质量和稳定性具有重要的意义。

积极推动废旧路面、沥青材料、煤矸石、矿渣、废旧轮胎等废料的循环利用,采用就地冷再生、就地热再生技术实现对全部废旧材料的循环再生使用。选取适合项目工程开展建筑垃圾回收示范,在特殊地基处理、路基填筑、路面基层、小型预制构件、临建工程等方面推广应用建筑垃圾再生材料。继续推进高速公路服务区、客运枢纽、场站等水资源循环利用。我国仅干线公路大中修工程,每年至少产生1.6亿t沥青路面旧料和3000万t的水泥路面旧料。然而,我国旧路面材料回收利用率约为40%,且利用价值低,一般是将面层材料用作基层,高速公路路面材料用于低等级道路等。发达国家沥青路面再生利用率很高,如美国、日本和欧洲一些国家旧路面材料回收利用率接近100%,在热拌沥青混合料中,旧料的添加量可达50%以上,我国交通基础设施资源节约和循环利用潜力和空间巨大。加快推进公路路面材料循环利用工作,对促进公路交通事业可持续发展,节约资源、降低排放及保护环境具有重要意义。

2)循环技术路径减碳效果评估

本书预测,随着节约燃油和原材料使用,到2030年,与基准情景相比,

CO_2 排放量可减少 2738 万 t;到 2050 年,与基准情景相比 CO_2 排放量可减少为 4518 万 t(图 5-17)。

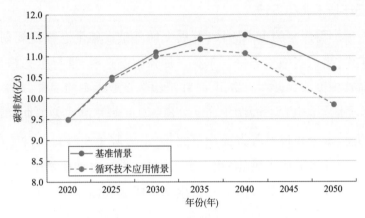

图 5-17　2020—2050 年循环技术应用效果

6 交通运输减碳技术路径
   应用实践

6.1 Z省绿色交通省区域性项目概况

2005年,习近平同志提出了"绿水青山就是金山银山"的重要理念和科学论断。党的十八大将生态文明建设纳入中国特色社会主义事业"五位一体"总体布局,"美丽中国"成为中华民族追求的新目标。2013年,交通运输部印发《加快推进绿色循环低碳交通运输发展指导意见》,并着手开展绿色交通省区域性项目创建工作。

2014年,根据交通运输部《加快推进绿色循环低碳交通运输发展指导意见》和《创建绿色交通省实施方案编制指南》等文件要求,Z省交通运输厅牵头编制完成《Z省创建"绿色交通省"实施方案(2015—2018)》(简称《实施方案》)。《实施方案》内容以公路、水路、城市交通领域为重点,兼顾与铁路、民航等协调联动,涉及全省11个地市,实现地域与行业全覆盖。从结构调整、技术创新、能力提升3个方面,围绕6个重点任务,实施7个专项行动,打造城市HZ等6个绿色交通城市和绿色公路、绿色港口、绿色航道、绿色公交等15个绿色交通主题性项目,以及一批全局性、特色性、示范性重点支撑项目,构建了"1+6+15"横向到边、纵向到底的整体推进格局(图6-1)。

该省《实施方案制》定以来,全省交通运输行业不断提升发展理念,把交通绿色发展作为一项重要任务贯彻到交通基础设施建设、运输生产、行业管理等各个环节,坚持"生态优先,和谐发展",基本实现了绿色交通由被动适应向先行引领、由试点带动向全面推进、由政府推动向全民共治的转变,全面深入推进独具特色的绿色交通发展方式。Z省利用绿色交通省项目建设的交通运输碳排放管理平台的监测数据,依据基于本研究结果出台的部考核评价办法,经过自评价、交通运输部考核评价等程序,获得优秀等级评价结果。

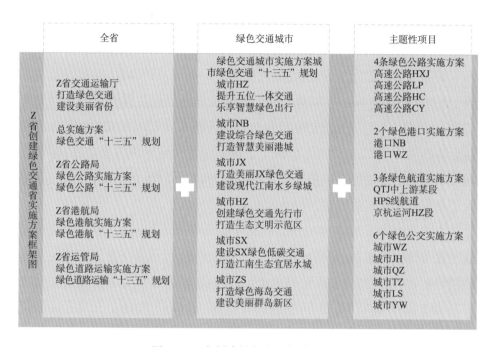

图 6-1 Z 省创建绿色交通省项目概况

6.2 交通运输碳排放管理平台建设实践

自 2013 年交通运输部发布《加快推进绿色循环低碳交通运输发展指导意见》以及《关于深入推进"车、船、路、港"千家企业交通运输专项行动的通知》引导能耗统计监测工作开展以来,面向全市、全省范围内的交通运输行业能耗监测工作逐步展开,以江苏、浙江、北京等省(自治区、直辖市)为代表,开展了初步的实践。2011 年,江苏省交通运输厅从能源消耗统计的实际情况出发,明确了道路运输行业的能耗及碳排放统计范围、调查方法和统计指标,为道路运输能耗统计工作奠定了基础。同时在建设初期,以抽样统计与抽样监测相结合的方式建立了江苏省交通运输体系的统计监测平台,但是无相关机制保障,样本较大。浙江省能耗统计监测平台分两期建设,其监测范围较小,依托运管进行简单的数据调取。2013 年,北京市交通委员会开展了交通统计与监测平台建设,统计监测移动能耗及碳排放,通过加装在车辆上的"车载诊断系统",实现了对交通运输车辆能耗及碳排放的实时动态监测。2015 年 8 月,《Z 省创建绿色交通省实施方案(2015—2018 年)》获交通运输部正式批复,Z 省成为全国 4 个国家绿色交通示范省份之一,随即开展了全省交通运输能耗碳排放统计监测平台建设工作,涵盖八大领域,采用人工填报数据和实时监测两种方式获取碳排放数据。

以 Z 省交通运输碳排放统计监测平台为例,该平台致力于摸清交通运输能耗与碳排放家底、评估区域绿色交通发展现状、预测交通运输能耗与碳排放峰值、强化能耗排放总量与强度双控考核、监管重点交通能耗企业及项目的功能,同时具有"可观、可感、可查、可控"的特点,实现了交通运输数据口径的来源统一,为行业节能减排常态化工作提供强有力手段。

6.2.1 平台建设思路及架构

以数据采集系统为根本,设计统计模板、任务流线、数据审核;以数据采集设备为关键,在方案制定、试点样本选取等过程中,从安装、维保两个角度,充分考虑方案的可持续性、样本的有效服务年限、设备管理维保等内容;以绿色交通决策服务为核心,对标交通运输部要求明确能效及 CO_2 排放指标、碳排放指标,分析 Z 省能效现状与趋势,为能源结构调整、供给侧结构性改革等决策提供数据支持,以绿色交通成果展示为补充,将 Z 省绿色交通省建设成果与各市交通运输节能减排相关成果在平台中展示与分享,为绿色交通提供开放的门户、交流的平台和展示的窗口,全面提升 Z 省绿色交通信息化水平。

对于典型城市,筛选个别具有代表性的企业进行抽样监测,监测领域包括公路客运、公路货运、城市公交、港口生产 4 个交通运输行业。根据前文的研究结果,Z省统计抽样了D、A等9个地市,参与企业共有101家,涉及公路客运、公路货运、城市公交、城市出租汽车、水路货运、港口生产等6个行业。

Z省交通运输能耗统计监测系统平台的总体框架分为云环境层、数据采集层、数据资源层、管理服务支持层以及成果展示层五个层次(图6-2),同时包含有其他平台数据接口、满足非功能需求,形成资源共享体系、制度规范体系、运维管理及安全保障体系,为Z省绿色交通相关部门提供统一、规范、高效、透明的业务管理和决策支持服务。

图6-2 Z省能耗碳排放统计监测平台框架

1)云环境层

依托Z省云中心所提供的基础软硬件环境及相应的数据传输网络,将数据存储在数据管理中心,为应用系统提供数据。云计算架构基础环境包括网络服务、存储服务、数据处理服务、弹性计算服务、资源调度服务以及分布协同服务。

2)数据采集层

系统采用物联网数据抓取、系统动态对接、手工填报等方式采集交通方面的能耗数据。项目主要采用手工填报和系统对接的方式,建立覆盖全市交通的能耗监测数据采集环境,为系统的建设提供数据支撑基础。在一些有条件的企业开展物联网技术应用示范推广,如重点运输企业车辆的油耗数据,可通过在车载终端上增加和扩展 CAN 数据采集模块实现动态采集。

3)数据资源层

依托 Z 省已有环境,在数据采集的基础上,建立统一的数据中心,形成公路客运、公路货运、城市公交、出租汽车、水路运输、港口作业、公路建设、公路运营 8 个交通运输行业样本企业数据库、能耗监测设备数据库和企业电能耗、水能耗、气能耗、油能耗的动态数据库,同时为能耗与碳排放数据提供共享交换服务。

4)管理服务支持层

在数据资源层的基础上,通过建设统一的应用支撑平台,建设集能耗分析预测、考核管理等功能的节能减排综合管理系统,面向政府部门、企业提供完善的应用服务。管理服务支持层设置能耗现状分析、趋势预测、目标制定、考核评估、项目管理等服务应用模块。

5)成果展示层

直观、全面地展示 Z 省全省交通运输能耗排放构成、分布等全貌,以及 Z 省未来绿色交通发展方向,集中展示 Z 省绿色交通建设已取得的核心成果,体现 Z 省绿色交通省风采。

6)数据接入

平台数据中心提供统一的数据交换接口,用于实现与其他应用系统的对接。并且预留有与其他相关系统之间的接口,可以通过统一的接口规范,与省及国家系统进行数据交换和共享。包括:基于 Web Service 方式的接口实现、基于 Socket 方式的接口实现、基于数据库方式的接口实现、基于消息中间件的接口实现。

7)非功能需求

系统采用当前主流的 B/S 架构与技术,集中部署在 Z 省交通运输信息总站云平台上;系统开发遵循标准规范要求;所有系统的操作终端具有较强的可操作性,界面设计友好、简单、易用,同时符合用户的业务操作习惯,最大限度降低系统使用的复杂程度;同时,本系统按照国家信息安全等级保护二级的要求对所有信息进行安全保护。

6.2.2 平台功能及应用

Z 省交通运输碳排放统计监测平台包括数据统计、能效碳排放管理、实时监测、"两客一危"排放监测、决策支持共五个模块。

1)数据统计

数据统计功能为 Z 省交通运输主管部门提供数据来源获取功能,也为企业与相关部门提供数据填报和提交的途径,为主管部门获取 Z 省交通行业能耗与碳排放及相关静态指标数据提供了信息化手段,该功能主要包含报表管理、任务下发、数据报送、数据审核、报表跟踪、数据核算六个子功能。图 6-3 所示为数据统计页面。

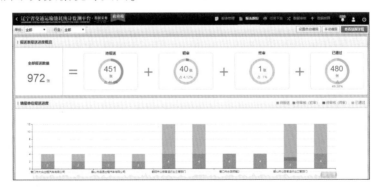

图 6-3　数据统计页面

2)能效碳排放管理

通过能效碳排放管理模块可以查看全省交通能效与碳排放情况,针对

省、地市、行业、企业四个维度进行能效与碳排放分析,实现全省、各地市、各
交通行业及重点企业的能耗与碳排放监管,从而促进 Z 省绿色交通可持续
发展,构建交通领域低能耗、低排放、低污染的交通发展模式。图 6-4 所示为
能效碳排放管理页面。

图 6-4　能效碳排放管理页面

3)实时监测

实时监测模块支持 Z 省交通运输厅各级分管部门领导实时查看装备有
监测设备的行业车辆与设备的实时能耗情况,并对这些动态监测数据进行
简要分析,为主管部门的节能减排决策提供数据支撑。该功能支持用户以
地图模式查看各监测车辆的点位信息、车辆、线路的基本信息、能耗与碳排
放情况及其他耗能情况。

其中,公路客车通过车载终端,采集发动机电子控制单元(Electronic
Control Unit,ECU)数据并统计计算,车辆的油耗信息主要靠车载终端通过整
车的 CAN 总线读取。

公路货车采取 OBD + 超声波油耗传感器的方式进行监测。一方面,对
于有标准 OBD 接口的车辆采用 OBD 设备;另一方面,对于没有标准 OBD 接
口的抽样车辆,通过油耗传感器读取能耗数据、GNSS 获取车辆行驶里程
数据。

试点城市的公交车多为清洁能源或新能源车辆,柴油车辆将很快被淘汰。因此,本方案不对柴油公交车进行在线监测,目前市面上能够对LNG车辆以及混合动力电动车辆监测的设备只有OBD,但需要进行模型修正。

港口生产能耗主要为生产设备能耗,根据调研情况,Z省像N港、W港等大型港口主要能耗类型还是电能,同时各大型港口都建立了相应电力监控系统,主要是通过智能电表,实时监控。实时监测数据如图6-5所示。

图6-5　实时监测数据

4)"两客一危"排放监测

"两客一危"功能是根据Z省"两客一危"平台车辆数据,同时结合长平模型以及误差补偿计算模型,而构建的"两客一危"能耗模块,该模块对"两客一危"车辆的行驶里程、总能耗、单位能耗与排放进行监测。

根据长平模型计算得到:

$$F_i = K_i \times F \tag{6-1}$$

$$F = a \times v^2 + bv + c \tag{6-2}$$

$$K_i = b \times m_1^{v_i} \times m_2^{G} \tag{6-3}$$

式中：F_i——第i种车型的百公里油耗,L/100km;

　　　K_i——第i种车型在不同纵坡、速度下的总和调整系数;

F——基本模型中的百公里油耗,L/100km;

v——车辆行驶速度,km/h;

v_i——第 i 种车型的行驶速度,km/h;

G —— 道路纵坡(%),上坡为正,下坡为负;

a、b、c、m_1、m_2—— 回归参数。

各回归参数取值见表6-1。

参数表　　　　　　　　　　　　　　表6-1

车型	参数				
	a	b	c	m_1	m_2
小型汽车	0.0052	−0.9734	54.3605	0.99677	1.05014
中型客车	0.0088	−1.4805	80.4459	1.00744	1.09171
大型客车	0.0098	−1.5495	87.0875	1.01171	1.16771
小型货车	0.0027	−0.3090	21.0667	1.00104	1.10342
大型货车	0.0146	−2.0757	92.8656	0.99751	1.13708

$Y = -1.58X^3 + 76.37X^2 - 1226X + 6559$,$Y$ 为补偿值,X 为平均速度值。

5)决策支持

决策支持包括目标分配、评估分析、趋势预测几个功能。目标分配结合绿色交通省建设目标和相关规划要求,对全省交通运输行业的能耗总量做出各年度的分解目标,并将减排目标分配按照实际情况到每个地市和每个行业中。同时将人口、GDP、周转量等关键指标与交通碳排放进行相关性分析,得到关键性指标与交通碳排放的相关性,为接下来节能减排决策的制定提供科学依据。对 Z 省 2010—2050 年交通运输能耗需求、碳排放量以及单耗进行分情景预测并对结果进行展现。拟设定三种情景,分别是基准情景、低碳情景和强化低碳情景,系统图形化展示计算结果,将所有历史数据、预测值(含模拟值,若模拟值存在)同时展示(图6-6、图6-7)。

图 6-6　碳排放情景趋势预测

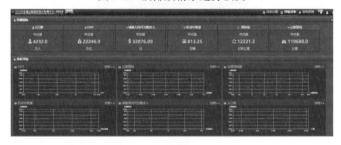

图 6-7　碳排放评估分析

6.2.3　平台应用分析

通过平台应用分析,Z 省交通运输总碳排放量为 7984815.51tCO$_2$。其包括公路客运、公路货运、城市出租汽车、城市公交、水路货运、港口生产等 6 个行业。Z 省 2018 年第一、二季度交通运输总碳排为 7984815.51t,其中公路客运、公路货运、城市公交、城市出租汽车、水路货运、港口生产等 6 个行业的碳排分别为 250176.49t、5714096.85t、287888.57t、1360488.54t、34833.97t、337331.10t,各行业碳排占比情况如图 6-8 所示。

Z 省一、二季度公路客运平均单位碳排为 0.24tCO$_2$/(万人·km),公路货运平均单位碳排为 0.21t CO$_2$/(万 t·km),城市公交平均单位碳排为 3.74 吨CO$_2$/万人,出租汽车平均单位碳排为 3.80t CO$_2$/万 km,水路运输平均单位碳排为 0.07tCO$_2$/(万 t·km),港口生产平均单位碳排为 4.09t CO$_2$/万 t,各行业季度单位碳排放量如图 6-9 所示。

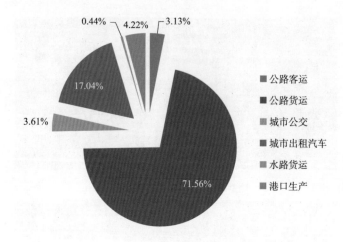

图 6-8　Z 省交通运输各行业碳排放量占比情况

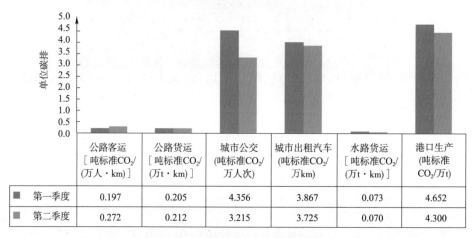

		公路客运 [吨标准CO₂/ (万人·km)]	公路货运 [吨标准CO₂/ (万t·km)]	城市公交 (吨标准CO₂/ 万人次)	城市出租汽车 (吨标准CO₂/ 万km)	水路货运 [吨标准CO₂/ (万t·km)]	港口生产 (吨标准 CO₂/万t)
▪	第一季度	0.197	0.205	4.356	3.867	0.073	4.652
▪	第二季度	0.272	0.212	3.215	3.725	0.070	4.300

图 6-9　Z 省各行业单位碳排放量

6.3　综合评价实施

6.3.1　考核评价实施程序和步骤

鉴于 Z 省创建绿色交通省实施内容丰富多样的特点,根据《关于开展区域性主题性交通运输节能减排项目 2017—2019 年考核工作的通知》的要求,评价以交通运输部最终审定的实施方案(含经交通运输部同意的调整方案)为依据,采取实地核查与会议集中评议相结合的方式,对实施方案中的目标、重点支撑项目实施效果等进行评价。

评价的工作程序主要包含五个阶段。

1)省内各项目自评阶段

自评阶段主要是各区域性、主题性项目实施单位根据交通运输部考核评价的要求和技术方法,开展自评价工作。工作的主要内容:一是开展项目目标完成情况、重点项目完成情况和节能减碳能力的评估工作;二是整理项目实施过程中有关的文件、票据、统计数据及图片影像资料的证明性材料。

绿色交通省的评价自评按照"自下而上,最终汇总"的工作步骤,现有绿色交通城市、绿色港口、绿色公路、绿色航道、公交都市等"6 + 15"个区域性主题性项目实施主体独立自评价,并将自评价结果和政策材料等汇总到一起形成绿色交通省的自评价报告和证据材料。

2)第三方机构审核阶段

第三方审核机构是交通运输节能减排专项资金奖补政策体系中重要的技术主体和技术参与者。第三方审核机构根据交通运输部印发的《交通运输节能减排第三方审核机构认定暂行办法》《交通运输部关于公布交通运输节能减排第三方审核机构名单的通知》《关于开展区域性主题性交通运输节能减排项目 2017—2019 年考核工作的通知》《交通运输节能减排项目节能量审核工作程序》等技术文件的要求开展审核工作,对绿色交通省内每一个区域性主题性项目的节能减碳量和项目目标的自评结果进行审核,并出具审核报告。

3)省级交通运输主管部门预评价考核阶段

各项目实施单位的自评价和第三方审核机构的审核工作结束后,省级交通运输主管部门采取现场考核的方式,开展区域性主题性项目的预考核,出具预考核报告。预考核通过后,省级交通运输主管部门向交通运输部提出考核申请,并将考核申请材料(含预考核报告)报交通运输部节能减排主管部门和部级考核评价组织部门。省级交通运输主管部门的考核按照部级考核的要求和技术方法开展。

4)部级现场考核评价阶段

交通运输部节能减排主管部门负责考核评价工作,结合省级交通运输主管部门的预考核情况,委托项目中心组织专家组开展现场考核工作,对考核资料完备情况、项目目标及支撑项目完成情况、节能减排量及考核评价等级核定给出考核评价意见。

现场考核工作流程为:

(1)实地核查。选取区域性主题性项目实施方案中的部分重点支撑项目进行现场实地核查工作,查验项目的真实性及节能减排实施效果。

(2)专家评审。首先实施单位、第三方审核机构、省级交通运输主管部门依次陈述报告项目实施情况和实施结果,包括项目立项的背景和实施的工作过程情况、目标及重点支撑项目完成情况及结论、绩效评价情况、已拨付中央资金使用收支情况、第三方审核情况、项目实施监督管理情况等。其次,专家组结合申报材料和现场汇报情况,对考核项目的目标完成情况、重点支撑项目完成情况、项目节能减排量核算等进行质询,有关单位进行解释说明。最后,专家组对实施方案每个目标完成率和重点支撑项目完成率进行核算,对奖励类节能减排项目的节能减排量和投资额进行核算,并按照《考核等级评定方法》对项目进行打分确定考核等级。

5)部级考核奖励与资金核算

部级现场考核工作结束后,交通运输部对考核结果进行通报,并对考核结果优异的项目授予相应荣誉称号并授牌。考核未达到项目承诺书绩效目标的,中央财政将相应收回资金。

6.3.2 考核评价等级评定方法

根据考核评价要求,考核评价等级评定基本思路是通过核算目标完成率和重点支撑项目完成率核算项目得分,确定考核评价等级,并进行资金核算。具体步骤和方法如下。

1)目标完成率核算

目标完成率为目标体系中各指标的实现值与目标值之商累加和的算数平均值。即:

$$目标完成率 = \frac{1}{指标数}\sum_{1}^{指标数}\frac{某指标实现值}{某指标目标值} \qquad (6-4)$$

其中,$0 \leqslant \dfrac{某指标实现值}{某指标目标值} \leqslant 100\%$。

2)重点支撑项目完成率核算

重点支撑项目完成率为项目的实际完成量与审定内容量之商累加和的算数平均值,其中,重点支撑项目中奖励类节能减排项目完成率占80%的权重,绿色循环类项目与配套类项目各占10%的权重。即:

$$\begin{aligned}重点支撑项目完成率 = {}&奖励类节能减排项目完成率 \times 80\% + \\ &绿色循环类项目完成率 \times 10\% + \\ &配套类项目完成率 \times 10\%\end{aligned} \qquad (6-5)$$

$$奖励类节能减排项目完成率 = \frac{1}{项目数}\sum_{1}^{项目数}\frac{奖励项目实际完成量}{奖励项目审定完成量} \qquad (6-6)$$

其中,$0 \leqslant \dfrac{奖励项目实际完成量}{奖励项目审定完成量} \leqslant 100\%$。

$$绿色循环类项目完成率 = \frac{1}{项目数}\sum_{1}^{项目数}\frac{绿色循环项目实际完成量}{绿色循环项目审定完成量} \qquad (6-7)$$

其中,$0 \leqslant \dfrac{绿色循环项目实际完成量}{绿色循环项目审定完成量} \leqslant 100\%$。

$$配套类项目完成率 = \frac{1}{项目数} \sum_{1}^{项目数} \frac{配套项目实际完成量}{配套项目审定完成量} \qquad (6\text{-}8)$$

其中,$0 \leqslant \dfrac{配套项目实际完成量}{配套项目审定完成量} \leqslant 100\%$。

3)项目得分核算

项目得分为 100 分,乘以目标完成率与重点支撑项目完成率之和,目标完成率和重点支撑项目完成率各占 50% 的权重。其中,重点支撑项目中奖励类节能减排项目完成率占 80% 的权重,绿色循环类项目与配套类项目各占 10% 的权重,即:

$$项目得分 = 100 \times (目标完成率 \times 50\% + 重点支撑项目完成率 \times 50\%)$$

$$(6\text{-}9)$$

4)考核等级确定

根据项目得分确定四个等级:优秀(大于 90 分);良好(81~90 分);合格(71~80 分);不合格(小于 70 分)。

5)奖励核算

根据《财政部 交通运输部 商务部关于印发〈车辆购置税收入补助地方资金管理暂行办法〉的通知》,交通运输部根据项目性质、节能减排投资额、年节能减排量以及产生的社会效益及考核情况等综合测算确定奖励额度。奖励额度不超过以下标准:年节能量按每吨标准煤 600 元、按被替代燃料量每吨标准油 2000 元、按节能减排投资额不超过设备购置费或建筑安装费的 20%。

图 6-10 所示为绿色交通省考核评价流程与技术的关系图。

考核评价阶段	评价内容	技术要求
第一阶段：单位自评	项目目标完成情况自评 重点项目完成情况自评 节能减碳能力的评估自评	区域主题性项目评价指标体系 全要素减碳能力评估方法 交通运输排放管理平台数据
第二阶段：第三方审核	项目目标完成情况审核 重点项目完成情况审核 节能减碳能力的评估审核	区域主题性项目评价指标体系 全要素减碳能力评估方法 国际省统计数据与碳排放管理 平台监测数据
第三阶段：省预考核评价	绿色交通城市预考核评价 绿色公路、港口预考核评价 其他项目考核评价 绿色交通省预考核评价	考核评价等级评定方法 全要素减碳能力评估方法
第四阶段：部级考核评价	绿色交通城市部级考核评价 绿色公路、港口部级考核评价 绿色交通省部级考核评价	考核评价等级评定方法 全要素减碳能力评估方法
第五阶段：等级评定与 奖励清算	考核等级评定 奖励资金核算	考核评价等级评定方法 交通运输节能减排资金奖励标准

图 6-10　绿色交通省考核评价流程与技术关系图

6.4　减碳能力评估实践

根据全要素减碳能力评估方法,对 Z 省绿色交通省的减碳能力的评估分三个步骤进行:首先针对构成绿色交通城市、绿色港口、绿色公路等区域性、主题性项目内的采用单向技术的微观层项目,从本书中的交通运输减碳能力评估的 62 种方法中找到对应的方法,对节能减排量进行核算得到底层项目减碳能力值。其次,逐一计算完成绿色交通城市、绿色港口、绿色公路等区域性主题性项目内采用单向技术的具体项目减碳能力核算后,将结果进行汇总,就得到中观层项目的结果。最后,将绿色交通城市、绿色港口、绿色公路等区域性主题性中观层项目结果进行汇总,就得到绿色交通省宏观层最终结果。

6.4.1 H市单项技术减碳能力评估——微观层项目评估案例

1)案例一:H市天然气公交车推广应用项目

项目实际购置公交车149辆(其中天然气公交车48辆,纯电动公交车101辆),项目投资额为8452.56万元。

项目替代燃料量 = 项目替代柴油量 × 柴油折标油系数 = 2102.13 × 1.02 = 2144.2toe

项目 CO_2 减排量 = 2102.13t × 3.0959(tCO_2/t) − 2522.56m³ × 2.1622(tCO_2/m³) = 1053.71t

即,项目年替代燃料量2144.2toe,年减少 CO_2 排放量1053.71t,项目节能减排效果明显,产出投入为0.12tCO_2/万元。

2)案例二:HZ市太阳能照明技术应用工程

长兴永畅物流建设开发有限公司建成10MW分布式光伏发电项目,项目投资额为7451.24万元。

用电终端实际用电量 = ∑第 i 个电表末次电表读数 − 该电表首次电表读数) = 13929.17kW·h

日均用电量 = 实际用电量/发电天数项目 = 13929.17/150 = 92.86kW·h

项目节电量 = 日均发电量 × 365 = 92.86 × 365 = 33894.3kW·h

项目节能量 = 项目节电量 × 0.33 × 10 − 3 = 11.1tce

项目 CO_2 减排量 = 33894.3kW·h × 0.22kW·h/kg × 3.0959(kgCO_2/kg) × 10^{-3} = 23.09t

即,项目年节能量11.1tce,年减少 CO_2 排放23.09t,项目节能减排效果较好,产出投入为0.003tCO_2/万元。

3)案例三:绿色多功能港区建设工程——施工期集中供电

ZJ德泰港务有限公司在工程施工期间,采用集中供电,新增施工用临时变压器1台315kV·A。项目节能减排投资额为9.2856万元。

项目替代燃料量=项目用电量×单位发电量的燃油消耗量×柴油折标油系数×10^{-3}=247793kW·h×0.22kg/（kW·h）×1.02kgtoe/kg×10^{-3}=55.60toe。

项目CO_2减排量=247793kW·h×0.22kW·h/kg×3.0959（kgCO_2/kg）×10^{-3}=168.77t

即，项目年替代燃料量55.60toe，年减少CO_2排放168.77t，项目节能减排效果明显，产出投入为18.15tCO_2/万元。

6.4.2　HZ 市减碳能力评估——中观层项目评估案例

根据《HZ 市创建绿色交通城市实施方案》，依据《交通运输部办公厅关于开展区域性主题性交通运输节能减排项目 2017—2019 年考核工作的通知》（交办规划函〔2017〕959 号）、《交通运输节能减排项目节能减排量或投资额核算技术细则(2016 年版)》等文件，对《实施方案》中 46 项交通运输节能减排专项资金支持项目和 27 项配套项目的微观层级的单项技术应用项目的减碳能力进行评估核算汇总，获得 HZ 市绿色交通城市的所取得整体降碳能力。通过核算，项目项目总投资 16.21 亿元，年节能量 3.89 万 tce，替代燃料量 3.33 万吨标准油，年减少 CO_2 排放 13.98 万 t，每万元产生减排量 0.86tCO_2/万元，经济效益及社会效益均较为显著，详见表 6-2。

6.4.3　Z 省减碳能力评估——宏观层项目评估案例

根据《Z 省创建绿色交通省实施方案（2015—2018 年）》，依据《交通运输部办公厅关于开展区域性主题性交通运输节能减排项目 2017—2019 年考核工作的通知》《交通运输节能减排项目节能减排量或投资额核算技术细则(2016 版)》等文件，对《实施方案》中各类项目所取得的节能减排效益进行核算。通过核算，全省实施的 7 类重点支撑项目全年可实现节能量共计 60.28 万 tce，替代燃料量 33.62 万 t 标准油，年减少 CO_2 排放量 269.79 万 t。项目节能减排绩效情况见表 6-3。

表 6-2

项目节能减排效益明细

序号	项目名称	实际完成内容及规模	节能减排投资(万元)	节能量(tce)	替代量(toe)	CO₂减排量(t)	产出投入比(tCO₂/万元)	备注
		一、专项资金支持项目						
1	天然气公交车推广应用项目	实际实施 149 辆	8453	—	2144.2	1053.71	0.12	—
2	天然气出租汽车	实际实施 745 辆	5005	—	4300.76	2113.52	0.27	—
3	天然气客运车辆推广应用项目	实际实施 132 辆	914	—	1780.76	875.15	0.11	—
4	智能双电动船舶推广应用工程	实际实施 2 艘	52	—	318.34	966.23	18.6	—
5	纯电动船舶推广应用工程	实际实施 29 艘	1332	—	183	554.23	0.42	—
6	公路隧道节能照明改造	在 17 座隧道完成了节能照明灯具的新建或改造	1267	2574	—	5311.88	4.19	—
7	物流园区节能照明改造	实际实施 9445 套	—	862.15	—	1779.42	19.5	—

续上表

序号	项目名称	实际完成内容及规模	节能减排投资（万元）	节能量（tce）	替代量（toe）	CO₂减排量（t）	产出投入比（tCO₂/万元）	备注
8	船闸、码头节能照明改造	实际实施517盏	—	17	—	34.68	4.26	—
9	隧道节能照明智能控制技术应用工程	实际实施12套	—	1869.25	—	5335.75	4.21	—
10	太阳能照明技术应用工程	实际实施10MW光伏发电系统	7451	11	—	23.09	0.003	—
11	天然气公交车推广应用项目	实际投入184辆	3636	—	1815.11	892.01	0.07	—
12	天然气出租汽车推广应用项目	实际投入398辆	1851	—	4373.24	2149.14	1.16	—
13	公共自行车服务系统推广应用项目	实际投入2400辆	1982	32	—	64.33	0.03	—
14	公共交通出行信息服务系统建设工程	实际实施了相关功能系统建设	2498	—	—	—	—	—

续上表

序号	项目名称	实际完成内容及规模	节能减排投资(万元)	节能量(tce)	替代量(toe)	CO_2减排量(t)	产出投入比(tCO_2/万元)	备注
15	公共自行车服务系统应用工程	实际实施3800辆	1708	49	—	98.29	0.06	—
16	建筑节能技术应用项目	实际实施22993m²	5771	471	—	971.93	0.17	—
17	LED节能照明技术应用工程	实际实施10850盏	121	273	—	563.11	4.66	—
18	太阳能光伏工程	实际实施138.6kWP即达到要求	73	85	—	175.8	2.4	—
19	太阳能光伏发电技术应用工程	实际实施光伏组件273717m²	12935	99	—	204.1	0.02	—
20	靠港船舶使用岸电技术	实际配置19个配电箱、管道及电缆长1700m	119	—	7001.93	21695.6	—	—
21	智能化运营管理系统应用	实际完成相关模块建设	839	—	—	—	—	—

续上表

序号	项目名称	实际完成内容及规模	节能减排投资（万元）	节能量（tce）	替代量（toe）	CO₂ 减排量（t）	产出投入比（tCO₂/万元）	备注
22	施工期集中供电技术应用项目	实际实施 1 台 315 kV·A 的变压器	21	—	56	168.77	18.15	—
23	建筑节能技术应用项目	实际实施约 8814.15m²	815	160	—	330	0.4	—
24	节能照明技术应用项目	实际时候 7000 盏目全覆盖	400	228	—	470.88	1.18	—
25	绿色港区靠港船舶使用岸电技术应用项目	实际完成岸电使用	110	—	737.05	2283.75	20.86	—
26	LNG 货运车辆应用项目	实际实施 94 辆	—	—	2981.17	1465.04	—	—
27	港口物流信息化公共服务平台建设项目	实际完成相关系统建设	345	—	—	—	—	—

续上表

序号	项目名称	实际完成内容及规模	节能减排投资（万元）	节能量（tce）	替代量（toe）	CO_2减排量（t）	产出投入比（tCO_2/万元）	备注
28	RTG 油改电项目	实际投入一台，另一台由于土地征用审批原因未能实施	252	323	—	980.78	3.89	—
29	港口带式输送机应用项目	实际实施 43.2km	3200	5611	—	17448.12	5.45	—
30	船舶驾驶培训模拟装置应用工程	实际投入 1 套	281	—	28	81.37	0.29	—
31	智慧港航信息化工程	实际建成港口管理系统、船联网动态监管系统等相关系统	1800	—	—	—	—	—
32	施工期集中供电技术应用项目	实际全线搭建了集中供电设施	85	—	180.67	559.33	6.59	—
33	LED 照明技术应用项目	实际实施 6679 套	275.5	3775.92	—	2573.82	9.34	—

续上表

序号	项目名称	实际完成内容及规模	节能减排投资(万元)	节能量(tce)	替代量(toe)	CO_2减排量(t)	产出投入比(tCO_2/万元)	备注
34	沥青路面就地冷再生技术应用项目	实施 G104 公路大中修 60.555km,其中实施预防性养护 46.494km,沥青路面冷再生实施里程1.908km	2688	264.087	—	586.09	0.17	—
35	泡沫沥青路面冷再生技术应用项目	实际实施 28.012km,应用面积 45250m²	16025	1329	—	2950.46	0.18	—
36	泡沫沥青路面二次就地冷再生研究与推广应用项目	实际实施 3.7km,4.8万 m²	3514	98	—	218.07	0.06	—
37	ETC 车道建设项目	实际实施 35 条	19583	925	—	1945.6	0.1	—
38	车辆超限超载不停车预检超管理系统应用工程	实际实施 27 个点位	1834	—	—	—	—	—

续上表

序号	项目名称	实际完成内容及规模	节能减排投资（万元）	节能量（tce）	替代量（toe）	CO_2减排量（t）	产出投入比（tCO_2/万元）	备注
39	绿色汽车维修技术推广应用工程	实际购买了904.6万元绿色维修设备	904.6	8.94	—	22.62	0.22	—
40	HZ市城乡共同配送工程	HZ长运样端物流中心完成	481.47	329	—	707	1.45	—
41	建筑节能技术应用项目	实际在49371m²使用绿色建筑材料	22228	70	—	145.26	0.01	—
42	LED节能照明技术应用项目	实际投入2272套且全覆盖	139	75	—	—	—	—
43	智能化运营管理系统建设项目	实际完成了人脸识别反恐系统等智能化建设	683	—	—	—	—	—
44	LNG沥青拌和楼技术	实际完成1座拌和楼改造	316	738	—	362.79	1.15	—
45	安吉县公交智能化营运服务系统项目	实际开展了智能化运营管理系统建设	1440	—	—	—	—	—

续上表

序号	项目名称	实际完成内容及规模	节能减排投资（万元）	节能量（tce）	替代量（toe）	CO₂减排量（t）	产出投入比（tCO₂/万元）	备注
46	京杭运河 HZ 航道项目	该项目主体项目延迟开工，已完成了前期集中供电、绿色照明灯具、绿化工程、土方综合利用项目等项目。其他信息化或绿色建筑、岸电项目还未开工实施	61	32	504	—	—	—
		二、绿色循环类项目						
47	德清低碳综合客运枢纽建设工程——雨水收集系统建设项目	实际建设雨水收集系统工程	—	—	—	—	—	—
48	绿色多功能港区建设工程——塘渣、土方回收利用技术应用项目	实际回收利用约 16万 m³	2007	—	—	—	—	—

续上表

序号	项目名称	实际完成内容及规模	节能减排投资（万元）	节能量（tce）	替代量（toe）	CO_2减排量（t）	产出投入比（tCO_2/万元）	备注
49	绿色多功能港区建设工程——雨水回收利用技术应用项目	实际建设雨水收集系统工程	—	—	—	—	—	—
50	南浔美丽乡村路建设工程——泡沫混凝土技术应用项目	实际完成了 8438m³ 的泡沫混凝土技术	322	—	—	—	—	—
51	南浔美丽乡村路建设工程——石灰土利用技术应用项目	实际完成了石灰土利用量为 269823m³	—	—	—	—	—	—
52	低碳客运站建设工程——雨（污）水收集系统建设项目	实际建设了雨污水收集系统	105	—	—	—	—	—
53	低碳旅游环线建设工程——生态护坡技术应用项目	实际实施了生态护坡工程	2071	—	241	—	—	—

续上表

序号	项目名称	实际完成内容及规模	节能减排投资(万元)	节能量(tce)	替代量(toe)	CO₂减排量(t)	产出投入比(tCO₂/万元)	备注
		三、地方配套项目						
54	纯电动公交车推广应用项目	实际投入40辆	2671	—	575.62	1747.12	0.65	—
55	纯电动出租汽车推广应用工程	实际投入100辆	767	—	942.48	2702.79	3.52	—
56	物流园区电动运输装备推广应用工程	实际投入355台,且全覆盖	1386	—	3227.5	9897.25	7.14	—
57	公交场站建设项目	实际完成9个	2025	—	—	—	—	—
58	纯电动公交车推广应用项目	实际投入130辆	2631	—	1870.77	5678.15	2.16	—
59	城市公交线网优化工程	实际新增、调整28条	138	—	—	—	—	—
60	公交IC卡系统互联互通升级项目	实际完成相关系统	109.26	—	—	—	—	—

续上表

序号	项目名称	实际完成内容及规模	节能减排投资（万元）	节能量（tce）	替代量（toe）	CO_2 减排量（t）	产出投入比（tCO_2/万元）	备注
61	出租汽车电召系统建设项目	实际建成开发出租汽车电召服务系统	70.39	—	—	—	—	—
62	绿色出行宣传项目	实际开展多种形式的绿色出行活动	10	—	—	—	—	—
63	智慧出租汽车电召服务平台建设工程	实际完成了出租汽车车载技术设备改造项目	—	—	—	—	—	—
64	"水上巴士"出行建设工程	实际完成了17艘	—	—	115	353	—	—
65	电动 RTG 技术应用项目	实际完成了7台	—	—	229.25	717	—	—
66	海河联运运输组织优化技术应用项目	实际完成了19条船舶,组织体系已成型	10303	15969.75	—	34282.67	3.33	—
67	施工标准化项目	实际开展了施工标准化	600	—	—	—	—	—

续上表

序号	项目名称	实际完成内容及规模	节能减排投资（万元）	节能量（tce）	替代量（toe）	CO_2 减排量（t）	产出投入比（tCO_2/万元）	备注
68	确定合理规模和优化布局设计	实际完成了合理布局	—	—	—	—	—	—
69	绿色企业文化建设项目	实际已开展相关文化建设	—	—	—	—	—	—
70	集装箱海河联运工程	实际投入 12 艘船舶,完成了相关信息系统升级	1572	1845.5	—	3961.5	—	—
71	生态公路设计理念	完成了生态公路设计	1000	—	—	—	—	—
72	桥梁耐久性技术	开展桥梁耐久性技术应用	—	—	—	—	—	—
73	碳汇林景观技术	绿化里程为 13.887 km,工程绿化面积约 65 万 m^2	—	—	449	—	—	—

续上表

序号	项目名称	实际完成内容及规模	节能减排投资（万元）	节能量（tce）	替代量（toe）	CO_2减排量（t）	产出投入比（tCO_2/万元）	备注
74	沥青二次就地冷再生标准和技术指南编制工程	该课题已通过验收	—	—	—	—	—	—
75	ETC用户推广项目	已达到相关要求	333	785	—	1577	—	—
76	智慧公路信息化建设工程	实际完成了相关系统建设	430	—	—	—	—	—
77	道路指路体系优化与完善工程	实际实施2022km	—	—	—	—	—	—
78	低碳旅游环线——慢性绿道建设项目	实际实施27.1km	—	—	—	—	—	—
79	低碳旅游环线建设工程——预防性养护技术应用项目	实际实施31.15km，且达到要求	—	—	—	—	—	—

续上表

序号	项目名称	实际完成内容及规模	节能减排投资（万元）	节能量（tce）	替代量（toe）	CO$_2$减排量（t）	产出投入比（tCO$_2$/万元）	备注
80	绿色交通发展规划编制工程	实际完成《HZ市绿色交通城市"十三五"规划》编制工作	—	—	—	—	—	—
81	HZ市绿色出行评价及指数数研究	该课题已通过验收	48	—	—	—	—	—
合计	—	—	162087.62	38909.597	33364.85	139768.2	0.86	—

重点支撑项目节能减排量核算统计表 表 6-3

项目类型	序号	重点支撑项目	节能量（tce）	替代燃料量（toe）	CO₂ 减排量（t）	备注
绿色交通城市类项目	1	城市 N 创建绿色交通城市区域性项目	44361.2	79168.08	254075	—
	2	城市 J 创建绿色交通城市区域性项目	63380.6	41579.39	134460.8	—
	3	城市 H 创建绿色交通城市区域性项目	45525.37	38409.39	156325.4	—
	4	城市 S 创建绿色交通城市区域性项目	7274.64	30468.57	41691.36	—
	5	城市 Z 创建绿色交通城市区域性项目	40061.5	11333.04	100667.24	—
	6	城市 L 创建绿色交通城市区域性项目	14099.72	45969.41	162660.8	—
绿色公路类项目	7	H 高速公路创建绿色公路主题性项目	26.51	19072.6	755228.5	—
	8	L 高速公路创建绿色公路主题性项目	32008.7	—	104978.5	—
	9	H 高速公路创建绿色公路主题性项目	26337.3	4730	70945.4	—
	10	C 公路创建绿色公路主题性项目	13695	1086.08	48896.21	—
绿色港口类项目	11	港口 N 创建绿色港口主题性项目	25160.82	12708.66	63910.03	—
	12	港口 W 创建绿色港口主题性项目	25160.82	12708.66	63910.03	—
绿色航道类项目	13	Q 创建绿色航道主题性项目	94509.13	7229.94	220865.39	—

项目类型	序号	重点支撑项目	节能量（tce）	替代燃料量（toe）	CO$_2$减排量（t）	备注
绿色航道类项目	14	H线浙江段航道创建绿色航道主题性项目	15834.72	3706.87	53106.15	—
	15	J航道创建绿色航道主题性项目	9502.04	1269.46	23707.79	—
绿色公交类项目	16	W市、J市、Q市、T市、L市、Y市等创建绿色公交主题性项目	5120.75	16808.45	36389.08	
绿色交通能力建设类项目	17	交通运输能耗统计与环境监测平台	构建了一个"功能完整、填报简便、计算合理、统计准确、分析可靠、实时监控"的全省交通运输能耗统计与环境监测平台，为交通行业节能环保工作奠定了数据基础			
综合与其他类项目	18	Z省天然气车船应用主题性项目	—	9990.45	4905.23	—
	19	天然气加气站建设工程	一方面贯彻落实了国家节能环保与新能源利用的政策，另一方面为Z省天然气车船的推广奠定了基础，保障了天然气客货运输车船的快速推广应用			
	20	隧道LED灯节能照明应用及智能控制工程	48857.702	—	148430.41	
	21	公路、隧道自发光节能安保工程	13062	—	34484	
	22	路面材料循环利用工程	16256.2	—	45012	
	23	拌和楼油改气工程	不重复计算			
	24	车辆超限超载不停车预检管理系统应用	确保全省干线公路平均超限率下降到4%以下，除不可解体物及绿色通道通行车辆外，超限卸载率达到100%			

续上表

项目类型	序号	重点支撑项目	节能量 （tce）	替代燃料量 （toe）	CO_2 减排量 （t）	备注
综合与其他类项目	25	ETC 系统 ETC 应用	61192	—	169448	—
	26	低碳综合客运枢纽	不重复计算			
	27	低碳综合物流园区	不重复计算			
	28	绿色服务区建设工程	1363	—	3774	—
	29	黄标车辆淘汰工程	加快淘汰黄标车不仅是削减在用车排放污染物存量，改善大气环境最有效的措施，而且通过淘汰还可腾出更多的环境容量，有利于缓解交通拥堵，推动 Z 省交通运输绿色、循环发展			
	30	道路运输企业联盟	提高了车辆的实载率，具有较好的节能减排效果			
	31	国家公共物流信息平台建设及推广应用	通过平台的交换通道实现信息的传递和共享、互联互通等功能			
	32	智能航运服务物联网应用	实现长三角区域港航管理和服务信息的交换与共享			
	33	智慧高速公路系统建设工程	掌握全省各高速公路的运行情况，实现跨路段的交通指挥调度			
	34	节能减排科研与标准规范建设工程	更加广泛、持续地指导绿色交通的建设、运营实践			
合计			602789.722	336239.05	2697871.32	—

6.5 减碳评价体系应用实践

减碳评价体系是涉及区域性主题性项目目标整体结果的评价，评价方法和步骤对绿色交通省、绿色交通城市、绿色公路和绿色港口等而言,具有相同的思路,均为单项指标评价并汇总的方法。

6.5.1 绿色交通省目标评价——区域性项目评估案例

以 Z 省绿色交通省为例,区域性项目目标评价的方法步骤如下。

首先,确定评级的基准值。按照实施方案,共拟定考核目标 23 个,包含约束性指标 16 个、预期性指标 7 个。其中,能耗强度及碳排放强度目标所取基数值为 2010 年对比值,2010 年基准绝对值以实施方案中为准(表 6-4)。

Z 省创建绿色交通省方案目标评价基准值测定 表 6-4

序号	指标名称	2010 年基准值
1	营运车辆单位运输周转量能耗下降率	6.19kgce/(100t·km)
	营运客车	16.16kgce/(1000 人·km)
	营运货车	5.51kgce/(100t·km)
2	营运船舶单位运输周转量能耗下降率	5.56kgce/(1000t·km)
3	港口生产单位吞吐量综合能耗下降率	3.84tce/万 t
4	城市公交单位客运量能耗下降率	1.6tce/万人次
5	出租汽车单位客运量能耗下降率	4.3tce/万人次
6	营运车辆单位运输周转量 CO_2 排放下降率	13.33kg/(100t·km)
	营运客车	34.87kg/(1000 人·km)
	营运货车	11.87kg/(100t·km)
7	营运船舶单位运输周转量 CO_2 排放下降率	12.53kg/(1000t·km)
8	港口生产单位吞吐量 CO_2 排放下降率	3.57t/万 t
9	城市公交单位客运量 CO_2 排放下降率	3.41t/万人次
10	出租汽车单位客运量 CO_2 排放下降率	8.77t/万人次

其次,针对每一项指标进行核算。案例如下。

1)案例一:营运车辆单位运输周转量 CO_2 排放下降率(相对 2010 年)

(1)计算方法:营运车辆单位运输周转量 CO_2 排放下降率 =(目标年营

运车辆单位运输周转量 CO_2 排放量 – 基准年营运车辆单位运输周转量 CO_2 排放量)/基准年营运车辆单位运输周转量 CO_2 排放量

(2)数据来源:《Z 省交通运输能耗统计与监测平台分析报告(2018)》。

(3)数据说明:《Z 省交通运输能耗统计与监测平台分析报告(2018)》数据显示,2018 年 Z 省营运客车单耗为 11.71 kgce/(千人·km);营运货车单耗为 4.46 kgce/(百 t·km)。

基准年:

原实施方案中营运客车 CO_2 排放强度为 34.87kg/(千人·km),营运货车 CO_2 排放强度 11.87kg/(百 t·km),营运车辆 CO_2 排放强度 13.33kg/(百 t·km)。

目标年:

营运客车单位旅客周转量 CO_2 排放量 = 营运客车单位旅客周转量能耗×标煤折能源系数×能源 CO_2 排放系数。

按照 Z 省提供数据,营运客车中约 2.61% 为天然气客车,约 93.94% 为柴油客车,约 2.67% 为汽油客车,约 0.66% 为纯电动客车。

排放量 = 11.71 × (2.61% × 0.752 × 2.1622 + 93.94% × 0.6863 × 3.0959 + 2.67% × 0.6796 × 2.9251) = 24.49kg/(千人·km)

式中:标准煤折天然气系数为 $0.752 m^3/kgce$;标准煤折柴油系数为 0.6863 kg/kgce;标准煤折汽油系数为 0.6796kg/kgce。

天然气 CO_2 排放系数为 $2.1622 kgCO_2/m^3$,柴油 CO_2 系数为 $3.0959 kgCO_2/kg$,汽油 CO_2 系数为 $2.9251 kgCO_2/kg$,纯电动车辆不产生直接 CO_2 排放。

营运货车单位旅客周转量 CO_2 排放量 = 营运货车单位旅客周转量能耗×标煤折能源系数×能源 CO_2 排放系数。

按照 Z 省提供数据,营运货车中约 0.99% 为天然气货车,94.72% 为柴油货车,3.42% 为汽油货车。

排放量 = 4.46 × (0.99% × 0.752 × 2.1622 + 94.72% × 0.6863 × 3.0959 + 3.42% × 0.6769 × 2.9251) = 9.35kg/(百 t·km)

结合周转量数据,旅客周转量为 403 亿人·km,货物周转量为 1964 亿 t·km。

客运 CO_2 排放量为:$24.49 \times 10^{-3} \times 403 \times 10^5 = 986947t$

货运 CO_2 排放量为:$9.35 \times 10^{-3} \times 1964 \times 10^6 = 18363400t$

营运车辆单位旅客周转量 CO_2 排放量 = 营运车辆单位总 CO_2 排放量/总周转量。

排放量 $= (986947 + 18363400) \times 10^3/(403 \times 10^{-1} + 1964) \times 10^6 = 9.65 kg/百(t·km)$

则:

Z 省营运客车单位运输周转量 CO_2 排放下降率 $= (34.87 - 24.49)/34.87 = 29.77\%$

Z 省营运货车单位运输周转量 CO_2 排放下降率 $= (11.87 - 9.35)/11.87 = 21.23\%$

Z 省营运车辆单位运输周转量 CO_2 排放下降率 $= (13.33 - 9.65)/13.33 = 27.61\%$

目标值为营运车辆下降 12%,营运客车下降 7%,营运货车下降 12.5%,则以上目标值实现率均为 100%。

2)案例二:公共自行车县(市、区)覆盖率

(1)指标定义:公共自行车在县(市、区)覆盖范围。

(2)数据说明:根据《2017 年 Z 省循环经济发展报告》《Z 省综合交通运输发展"十三五"规划》《Z 省 2018 年治理城市交通拥堵工作月报》,Z 省目前是全国率先实现公共自行车县(市、区)全覆盖的地区。

目标值为 70%,则该目标完成率为 100%。

3)案例三:节能减排组织机构及工作机制建设

(1)指标定义:地区人民政府及其交通运输主管部门对节能减排工作体系建设的组织与领导情况,以及相关工作机制建设运营情况。

（2）数据说明：2014 年 Z 省创建绿色交通省实施方案编制伊始，由 Z 省人民政府牵头成立了创建绿色交通省工作领导小组，建立了以省政府顾问为组长，省政府副秘书长、省交通运输厅厅长为副组长，省发展改革委、经信委、公安厅、财政厅、国土资源厅、环保厅、建设厅、统计局、质监局、文明办等多部门负责人为组员的领导组织机构，建立了长效化的运行机制。同时，Z 省道路运输管理局和 Z 省港航管理局自 2015 年以来分别成立了以省道路运输管理局和省港航管理局为总牵头的绿色交通节能减排建设领导小组，形成以省局为总牵头、各地市相关单位及局处室为主体的责任分工明确的领导体系，体系建设及运行情况良好，并对机构组织进行阶段调整，保证高效运转。

目标值为基本健全，则该目标完成率为 100%。

最后，对 Z 省指标评价结果进行汇总。

按照实施方案，共拟定建设目标 23 个。结合相关数据测算，目前既定目标的 23 项指标中 20 项已达标；2 项指标因中期项目调整目标未跟进调整，申请调整后达标；1 项指标申请不纳入核算。项目目标完成率 100%（表 6-5）。

Z 省创建绿色交通省方案目标完成情况一览表　　　表 6-5

指标类型		序号	指标名称	单位	2018 年目标值	实现值	完成率（%）	备注
强度性指标	能源消耗强度	1	营运车辆单位运输周转量综合能耗下降率	%	11.5	23.53	100	—
			营运客车		6	27.54		
			营运货车		12	19.06		
		2	营运船舶单位运输周转量综合能耗下降率	%	14.5	68.53	100	—
		3	港口生产单位吞吐量综合能耗下降率	%	10.5	47.4	100	—

续上表

指标类型		序号	指标名称	单位	2018 年目标值	实现值	完成率（%）	备注
强度性指标	能源消耗强度	4	城市公交单位客运量综合能耗下降率	%	13	18.13	100	—
		5	城市出租汽车单位客运量综合能耗下降率	%	6	24.42	100	—
	碳排放强度	6	营运车辆单位运输周转量 CO_2 排放下降率 营运客车 营运货车	%	12 7 12.5	27.61 29.77 21.23	100	—
		7	营运船舶单位运输周转量 CO_2 排放下降率	%	15.5	68.53	100	—
		8	港口生产单位吞吐量综合 CO_2 排放下降率	%	12	47.4	100	—
		9	城市公交单位客运量 CO_2 排放下降率	%	13.5	42.4	100	—
		10	城市出租汽车单位客运量 CO_2 排放下降率	%	14	35.35	100	—
体系性指标	基础设施	11	区域交通基础设施布局及结构优化情况	—	全面落实	全面落实	100	—
		12	每万人城市轨道交通与公交专用车道里程数	km	0.38	0.56	100	—
	运输装备	13	节能环保型营运车辆占比 城市公交车 出租汽车 营运客车 营运货车	%	34 60 11 1.5	53.79 55.27 3.19 1.86	100	—

续上表

指标类型		序号	指标名称	单位	2018 年目标值	实现值	完成率（%）	备注
体系性指标	运输组织	14	节能环保型营运船舶占比	%	5	0.71	—	—
		15	区域交通运输一体化推进情况	%	60	100	100	—
		16	物流公共信息平台覆盖率	%	100	100	100	—
保障性指标		17	节能减排组织机构及工作机制建设	—	基本健全	基本健全	100	
		18	节能减排统计监测体系建设	—	基本健全	基本健全	100	
		19	节能减排市场机制推进	—	稳步推进	稳步推进	100	
		20	节能减排宣传培训	—	常态化	常态化	100	
特色性指标		21	公共自行车县（市、区）覆盖率	%	70	100	100	
		22	骨干航道船舶免停靠报港信息系统覆盖率	%	80	100	100	
		23	高速公路客车 ETC 缴费次数占比	%	30	51.51	100	

对于绿色交通城市的目标评价,和绿色交通省的评价步骤和方法相同,只是涉及区域的不同,在此不再重复举例。

6.5.2 绿色港口目标评价——主题性项目评估案例

由于区域性项目评价方法一致性,下面以 Z 省 W 港口绿色港口创建为例说明评价方法和步骤。

1)指标目标值调整情况及比较基准

2016 年 3 月,根据《2016 年度车船购置税收入补助地方资金支持区域性主题性项目申请工作的预通知》中重点支持项目的调整要求,W 港集团对原实施方案进行调整,形成《W 港创建绿色港口实施方案(调整报告)》(2016 年 3 月版,简称《调整后实施方案》),实施方案调整后,部分调整项目支撑的指标目标也相应进行了调整。调整后,W 港创建绿色港口项目主要指标目标表见表 6-6。

W 港创建绿色港口项目主要指标目标表　　　　表 6-6

指标类别		指标名称		2018 年目标值
强度性指标		1. 港口生产单位吞吐量综合能耗		2.69tce/万 t
		2. 港口生产单位吞吐量 CO_2 排放量		3.07t/万 t
体系性指标	装卸运输装备	3. 节能低碳技术应用	电力驱动的集装箱门式起重机应用比例	75%
			大型电动机械势能回收技术	34.5%
			LNG 水平运输车辆数量	34 台
			大型电动机械变频调速技术应用比例	100%

续上表

指标类别		指标名称	2018 年目标值
体系性指标	生产基础设施	4.绿色照明灯具比例	98%
	港口信息化	5.港口生产智能化调度系统	完成乐清湾生产运营信息化管控系统建设
		6.港口物流公共信息服务平台	运行 W 港集团有限公司物流公共信息服务平台
	能力建设	7.港口能源管理信息化系统	建成功能完备、先进的港口能源管理信息化系统,可实现对全港能耗数据的在线监测、统计和分析
		8.能源计量器具配备率	能源计量器具配备满足标准要求
		9.交通节能减排规划、计划制定实施	节能减排计划和总结有效促进工作开展
		10.能源管理体系建设	完成能源管理体系建设
		11.能源审计制度的建立和执行	开展能源审计工作,落实能源审计提出的要求
保障性指标		12.组织与机构建立与运行	现行组织体系运行良好
		13.节能减排目标责任评价考核制度	节能减排目标责任评价考核指标体系有效运行
		14.科技创新机制	科技创新机制完善
		15.节能减排宣传培训	节能减排宣传培训形式多样,内容丰富

续上表

指标类别	指标名称	2018 年目标值
总量指标	16. 节能量	358.82tce
	17. 减排量	916.99t
环保指标	18. 单位吞吐量 SO_2 排放量	4.03 kg/万 t

以上指标的目标值成为 W 港评价的比较基准。

其次,针对每一项指标进行核算。案例如下。

2)案例一:港口生产单位吞吐量 CO_2 排放量

(1)计算方法:港口生产单位吞吐量 CO_2 排放量 = 港口生产综合碳排放量/港口货物吞吐量。

(2)数据来源:《W 港集团 2018 年综合能耗表》。

(3)数据说明:港口生产单位吞吐量 CO_2 排放量 = 2.86t/万 t。

(4)数据说明:港口生产综合碳排放量 = 消耗能源数量 × CO_2 排放系数。

(5)2018 年港口生产单位吞吐量 CO_2 排放量 = 港口生产 CO_2 排放量/货物吞吐量 = 10554.17 ÷ 3687.2701 = 2.86 t/万 t。

(6)实施方案中 2018W 港港口生产单位吞吐量 CO_2 排放指标目标值为 3.07t/万 t,则该目标实现率为 100%。

W 港 2018 年港口生产能源消耗情况见表 6-7。

W 港 2018 年港口生产能源消耗情况　　表 6-7

指标		数值
分品种能源消耗量	柴油(t)	2898.589
	电力(万 kW·h)	1267.72
	天然气(t)	455.646
港口生产 CO_2 排放量(t)		10554.17

续上表

指标	数值
货物吞吐量(万 t)	3687.2701
港口生产单位吞吐量 CO_2 排放量(t/万 t)	2.86

注:各种能源 CO_2 排放系数根据交通运输部最终审定的《W 港创建绿色港口主题性项目实施方案(2015—2018 年)》(2015 年 4 月版)选取如下:柴油,3.1605 kg/kg;天然气,2.1840kg/m³;天然气密度,1.4 m³/kg。

3)案例二:港口生产智能化调度系统

(1)依托项目:乐清湾港口生产运营信息化管控系统。

(2)完成情况:港口生产智能化调度系统指标目标为"完成乐清湾生产运营信息化管控系统建设"。经审核,乐清湾港口生产运营信息化管控系统已建成运行,并提供了项目合同、发票、验收文件等。

(3)实施方案中 2018 年目标为"完成乐清湾生产运营信息化管控系统建设"。项目实际已完成相关功能系统构建,并已正常运行。则该目标实现率为 100%。

4)案例三:组织与机构建立与运行

(1)完成情况:W 港集团能源管理工作依托现有节能工作管理体系,实行集团和基层单位两级管理。由集团绿色港口创建工作领导小组统一领导,领导小组由集团领导任组长,成员由集团安全技术部、集团办公室及基层单位主要负责人组成。集团安全技术部是集团节能管理的主管职能部门,具体负责日常节能管理工作。基层单位节能工作由专门部门负责,并配备相应的节能管理人员进行节能管理工作。

(2)调整后实施方案中组织与机构建立与运行指标目标为"现行组织体系运行良好"。W 港集团建立了节能减排组织体系,且现行组织与机构的运行情况良好,则该目标实现率为 100%。

最后,对 Z 省 W 港指标评价结果进行汇总。

根据 W 港集团提供相关材料,对表 6-7 中强度性指标、体系性指标、保障性指标、总量指标、环保指标等类别的 18 项指标目标的完成情况分别进行核算,核算结果见表 6-8。根据表 6-8 可得:W 港创建绿色港口项目目标完成率 = (1/18) × (2 × 100% + 95.6% + 15 × 100%) = 99.8%。

W 港创建绿色港口项目主要指标目标完成率表(2018 年)

表 6-8

指标类别	指标名称		2018 年目标值	2018 年实现值	指标目标完成率(%)
强度性指标	1. 港口生产单位吞吐量综合能耗		2.69tce/万 t	2.49tce/万 t	100
	2. 港口生产单位吞吐量 CO_2 排放量		3.07t/万 t	2.86t/万 t	100
体系性指标	装卸运输装备	3. 节能低碳技术应用			95.6
		电力驱动的集装箱门式起重机应用比例	75%	88.9%	100
		大型电动机械势能回收技术	34.5%	36.8%	100
		LNG 水平运输车辆数量	34 台	28 台	82.3
		大型电动机械变频调速技术应用比例	100%	100%	100
	生产基础设施	4. 绿色照明灯具比例	98%	100%	100

续上表

指标类别		指标名称	2018 年目标值	2018 年实现值	指标目标完成率（%）
体系性指标	港口信息化	5. 港口生产智能化调度系统	完成乐清湾生产运营信息化管控系统建设	完成乐清湾生产运营信息化管控系统建设	100
		6. 港口物流公共信息服务平台	运行 W 港集团有限公司物流公共信息服务平台	运行 W 港集团有限公司物流公共信息服务平台	100
	能力建设	7. 港口能源管理信息化系统	建成功能完备、先进的港口能源管理信息化系统，可实现对全港能耗数据的在线监测、统计和分析	建成功能完备、先进的港口能源管理信息化系统，基本实现对全港能耗数据的在线监测、统计和分析	100
		8. 能源计量器具配备率	能源计量器具配备满足标准要求	能源计量器具配备满足标准要求	100
		9. 交通节能减排规划、计划制定实施	节能减排计划和总结有效促进工作开展	节能减排计划和总结有效促进工作开展	100

续上表

指标类别		指标名称	2018年目标值	2018年实现值	指标目标完成率(%)
体系性指标	能力建设	10.能源管理体系建设	完成能源管理体系建设	设立完善的能源管理机构,制定了能源管理程序,并定期开展能源内部审查	100
		11.能源审计制度的建立和执行	开展能源审计工作,落实能源审计提出的要求	定期开展能源内部审查,形成能源内部审查意见及整改建议;并可以认真落实审查意见,并按照整改建议进行及时整改	100
保障性指标		12.组织与机构建立与运行	现行组织体系运行良好	现行组织体系运行良好	100
		13.节能减排目标责任评价考核制度	节能减排目标责任评价考核指标体系有效运行	节能减排目标责任评价考核指标体系有效运行	100
		14.科技创新机制	科技创新机制完善	科技创新机制完善	100

续上表

指标类别	指标名称	2018 年目标值	2018 年实现值	指标目标完成率(%)
保障性指标	15. 节能减排宣传培训	节能减排宣传培训形式多样,内容丰富	节能减排宣传培训形式多样,内容丰富	100
总量指标	16. 节能量	358.82tce	1069.31tce	100
	17. 减排量	916.99t	1622.40t	100
环保指标	18. 单位吞吐量 SO_2 排放量	4.03 kg/万 t	3.39kg/万 t	100
W 港创建绿色港口主题性项目目标完成率				99.8

7　交通运输减碳技术路径后评价及展望

"十二五"以来,绿色发展日益受到重视,交通运输部通过多种途径加快推进交通运输减碳技术工作。其中,开展的 4 批 62 个区域性主题性试点项目,形成了一套绿色低碳交通运输区域性和主题性试点管理模式。随着能源转型和碳达峰碳中和目标任务的提出,国家对交通运输节能减排的要求逐步提高。同时,传统的交通运输节能减排措施效果空间不断缩小,而数字经济等新科技涌现为交通运输节能减排提供了新机遇。新型冠状病毒疫情也使客货运输需求发生了新变化。因此,本书依托的研究项目将在对区域性主题性项目中减碳技术应用情况进行后评估的基础上,对交通运输重点减碳技术路径应用前景作出展望。

7.1 交通运输减碳技术路径后评价

2012—2019 年,交通运输部和财政部共支持 62 个区域性主题性项目,包括 20 个绿色公路、11 个绿色港口、27 个绿色交通城市、4 个绿色交通省。区域性主题性试点项目的实施,成体系地推动了交通运输技术减碳工作,促进了交通运输行业绿色循环低碳新技术、新材料、新工艺的研发与应用,逐步形成了以东部地区为引领、中西部地区稳步推进的发展态势,加快了行业发展转型升级,发掘了行业节能环保潜力,有效地促进了绿色交通运输体系建设。本书重点针对 2017—2019 年完成考核的交通运输节能减排区域性主题性项目中减碳技术应用情况进行总结分析,共涵盖 13 个绿色公路、6 个绿色港口、16 个绿色交通城市和 4 个绿色交通省,具体见表 7-1。其中,4 个绿色交通省共包含 10 个绿色公路、5 个绿色港口、25 个绿色交通城市和 8 个主题性子项目。

基于对上述 23 个绿色公路、11 绿色港口、41 个绿色交通城市和 8 个主题性项目,共计 83 个区域性主题性项目进行分析,可知奖励类重点支撑项目共应用交通运输减碳技术 58 类,产生节能量 474465tce,替代燃料量

1530259t 标准油,减少二氧化碳排放量 4633405 万 t,节能减排投资额 451561 万元(表7-2)。从技术应用情况来看,项目整体成效明显,但不同节能减排技术应用推广情况存在较大差异(表7-3)。表7-2 中的 1～41 项为通用的交通运输减碳技术,在后续工作中仍具较好的推广应用前景,本书在后面的内容中将重点作出分析,表7-2 中的 42～58 项为部分工程专有技术或节能减排效果偏弱的技术,本书后续论述中不再进行探讨。

2017—2019 年考核区域性主题性项目列表　　表 7-1

项目类别	具体项目	数量(个)
绿色公路	道安、盘兴、岳武、广佛肇、广中江、鹤大、花久、黄延、柳南、兰州南绕城、港珠澳、南益、香丽	13
绿色港口	上海港、大连港、唐山港、日照港、福州港、岳阳港	6
绿色交通城市	蚌埠、桂林、邯郸、济源、南平、天津、烟台、兰州、廊坊、乌海、乌鲁木齐、西安、西宁、郑州、株洲、遵义	16
绿色交通省	江苏(含 14 个子项目)、浙江(含 13 个子项目)、山东(含 10 个子项目)、辽宁(含 11 个子项目)	4

注:Z 省子项目包括 HZ 市 2016—2019 年相关建设内容,该项目未获奖励资金支持。

从项目实施情况来看,节能照明及相关技术应用、能耗统计监测管理信息系统、风能和太阳能在交通基础设施中的应用、交通基础设施建筑制冷及采暖节能技术应用 4 项技术在绿色公路、绿色港口和绿色交通城市等区域性主题性项目中都有应用,且应用这 4 类技术的项目在总项目中所占比例均在 50% 以上(表7-4)。这说明此类技术符合交通运输技术发展方向,在专项资金的支持引导下,推广和应用产生了一定的效果。但是,交通基础设施建筑制冷及采暖节能技术、风能和太阳能在交通基础设施中的应用技术虽然应用广泛,但是实施情况并不十分理想,完成率偏低,均未达到 80%。也就是说,在资金引导下,仍有部分项目无法实施完成。导致这一情况的主要原因是项目投入偏高,以及节能减排效果和补助较低。因此,后续推进工作对此仍有进一步加强引导的必要。

区域性主题性项目中交通运输减碳技术应用情况及节能减排效益

表 7-2

序号	技术名称	项目数量（个）	完成率（%）	节能量（tce）	替代燃料量（toe）	CO_2减排量（t）	节能减排投资额（万元）
1	天然气车辆应用	329	77	—	971432	2107036	—
2	节能照明及相关技术应用	255	80	166995	533	463732	1468
3	营运车辆智能化运营管理系统	135	93	679	—	1881	94571
4	绿色汽车维修技术	106	83	—	—	0	27026
5	交通基础设施建筑制冷及采暖节能技术应用	97	73	71430	—	197861	7687
6	风能和太阳能在交通基础设施中的应用	77	75	19453	—	53885	138
7	能耗统计监测管理信息系统	72	89	—	—	0	19168
8	物流公共信息平台	61	82	—	—	0	31950
9	港口智能化运营管理系统	60	89	180	—	499	76971
10	公众出行信息服务系统	55	86	—	264	573	45936
11	机动车驾驶培训模拟装置	43	81	—	11074	24020	380
12	温拌沥青混合料技术应用	41	85	8383	—	23221	—
13	慢行交通系统	38	92	42694	—	118262	—
14	ETC系统应用	38	97	17587	—	48716	596
15	港口供电设施节能技术应用	33	79	5063	56	14146	2229

续上表

序号	技术名称	项目数量（个）	完成率（%）	节能量（tce）	替代燃料量（toe）	CO₂减排量（t）	节能减排投资额（万元）
16	车辆超限超载不停车（高速）预检管理系统	32	89	—	—	0	27526
17	沥青路面冷再生技术应用	28	83	36230	—	100357	440
18	公路建设施工期集中供电技术应用	27	100	—	397957	863169	—
19	港口生产工艺优化应用	23	78	9280	4670	35835	1765
20	高速公路公众服务及低碳运行指示系统	23	95	—	—	0	53310
21	港口装卸机械工属具改造技术	22	86	9898	1832	31391	2372
22	靠港船舶使用岸电技术	20	79	—	—	0	15063
23	沥青拌和设备节能技术应用	19	98	826	25931	58532	—
24	公路隧道通风智能控制系统	17	100	8742	—	24215	—
25	大型电动机械势能回收技术	17	82	10318	—	28581	—
26	营运船舶节能技术应用	14	91	8382	560	24433	—
27	天然气在公路施工机械中的应用	14	93	4490	85862	198672	—
28	数字航道系统	13	100	—	—	0	6138
29	码头油气回收系统应用	10	78	6042	—	16736	—
30	天然气船舶应用	10	47	—	31	67	—

交通运输减碳技术路径政策研究与实践

续上表

序号	技术名称	项目数量（个）	完成率（%）	节能量（tce）	替代燃料量（toe）	CO_2减排量（t）	节能减排投资额（万元）
31	港口带式输送机节能改造	8	92	1810	17246	42420	—
32	集装箱码头 RTG"油改电"技术	8	96	57	4445	9799	—
33	港口物流系统应用	8	100	—	—	0	19504
34	港口机械自动整制系统	6	67	90	1822	4201	4230
35	天然气在港口装卸机械中的应用	6	98	1456	3786	12245	—
36	施工船舶节能技术应用	6	100	6695	—	18545	—
37	公路供配电节能技术应用	6	99	8028	—	22238	415
38	集装箱码头 ERTG 无油转场技术	4	90	416	1850	5165	—
39	有轨电车	4	75	—	909	1972	9123
40	混合动力电动汽车	3	100	2041	—	5654	—
41	公路自发光交通标识项目	1	0	—	—	0	—
42	营运船舶智能化运营管理系统	1	100	—	—	0	362
43	节能型可变信息标志	5	100	19	—	53	—
44	快速公交系统（BRT）	4	100	—	—	0	254
45	交通运输综合管理平台项目	4	55	—	—	0	2939

230

续上表

序号	技术名称	项目数量（个）	完成率（%）	节能量（tce）	替代燃料量（toe）	CO$_2$减排量（t）	节能减排投资额（万元）
46	旋挖钻孔技术	2	100	5816	—	16110	—
47	铁水联运信息服务平台应用	2	35	—	—	0	—
48	低碳薄层桥面铺装体系	2	100	5	—	14	—
49	挤密砂桩（SCP）技术	1	100	8530	—	23628	—
50	平台式整平船技术	1	100	2393	—	6629	—
51	抛石夯平船节能技术	1	100	5311	—	14711	—
52	沉管安装船节能技术	1	100	1745	—	4834	—
53	预应力管桩应用	1	100	1980	—	5485	—
54	耐久性路面结构	1	80	248	—	687	—
55	节能型振动锤组振沉钢圆筒	1	100	362	—	1003	—
56	全自动液压模板预制沉管技术	1	100	760	—	2105	—
57	扁担梁胎架底座拆除技术	1	100	19	—	53	—
58	沉管隧道体内精潮新工艺	1	100	13	—	36	—
	总计	1819	83	474465	1530259	4633405	4633405

注：为分析交通运输减碳技术推广情况，取消项目完成率按 0 计算，表格中计算完成率数值低于项目考核结果。

231

交通运输减碳技术在区域性主题性项目中的应用规模

表7-3

序号	技术名称	覆盖项目		绿色公路		绿色港口		绿色交通城市		主题性项目	
		个数（个）	占比（%）	个数（个）	占比（%）	个数（个）	占比（%）	个数（个）	占比（%）	个数（个）	占比（%）
1	节能照明及相关技术应用	73	87.95	22	95.65	10	90.91	41	100	1	12.5
2	能耗统计监测管理信息系统	56	67.47	18	78.26	9	81.82	29	70.73	4	50
3	风能和太阳能在交通基础设施中的应用	47	56.63	21	91.3	4	36.36	22	53.66	—	—
4	交通基础设施建筑制冷及采暖节能技术应用	46	55.42	20	86.96	6	54.55	20	48.78	—	—
5	天然气车辆应用	44	53.01	—	—	—	—	41	100	3	37.5
6	营运车辆智能化运营管理系统	39	46.99	—	—	—	—	39	95.12	1	12.5
7	绿色汽车维修技术	37	44.58	—	—	—	—	37	90.24	—	—
8	ETC系统应用	34	40.96	18	78.26	—	—	16	39.02	1	12.5
9	温拌沥青混合料技术应用	33	39.76	18	78.26	—	—	15	36.59	—	—
10	车辆超限超载不停车（高速）预检管理系统	28	33.73	14	60.87	—	—	14	34.15	—	—
11	物流公共信息平台	28	33.73	—	—	—	—	28	68.29	1	12.5
12	公共自行车服务系统	28	33.73	—	—	—	—	28	68.29	—	—
13	公众出行信息服务系统	28	33.73	3	13.04	—	—	25	60.98	1	12.5
14	公路建设施工期集中供电技术应用	25	30.12	21	91.3	—	—	4	9.76	—	—

续上表

序号	技术名称	覆盖项目		绿色公路		绿色港口		绿色交通城市		主题性项目	
		个数（个）	占比（%）	个数（个）	占比（%）	个数（个）	占比（%）	个数（个）	占比（%）	个数（个）	占比（%）
15	机动车驾驶培训模拟装置	22	26.51	—	—	—	—	22	53.66	—	—
16	港口智能化运营管理系统	21	25.3	—	—	10	90.91	11	26.83	—	—
17	高速公路公众服务及低碳运行指示系统	21	25.3	16	69.57	—	—	5	12.2	1	12.5
18	沥青路面冷再生技术应用	20	24.1	2	8.7	—	—	18	43.9	—	—
19	公路隧道通风智能控制系统	17	20.48	14	60.87	—	—	3	7.32	—	—
20	靠港船舶使用岸电技术	16	19.28	—	—	9	81.82	7	17.07	—	—
21	天然气在公路施工机械中的应用	13	15.66	13	56.52	—	—	—	—	1	12.5
22	大型电动机械势能回收技术	13	15.66	—	—	6	54.55	7	17.07	—	—
23	港口供电设施节能技术应用	12	14.46	—	—	7	63.64	5	12.2	—	—
24	港口装卸机械工属具改造技术	12	14.46	—	—	7	63.64	5	12.2	—	—
25	港口生产工艺优化应用	11	13.25	—	—	6	54.55	5	12.2	—	—
26	沥青拌和设备节能技术应用	11	13.25	2	8.7	—	—	9	21.95	—	—
27	数字航道系统	9	10.84	—	—	—	—	9	21.95	—	—
28	营运船舶节能技术应用	9	10.84	—	—	1	9.09	8	19.51	—	—
29	天然气船舶应用	8	9.64	—	—	—	—	8	19.51	1	12.5

续上表

序号	技术名称	覆盖项目		绿色公路		绿色港口		绿色交通城市		主题性项目	
		个数（个）	占比（%）	个数（个）	占比（%）	个数（个）	占比（%）	个数（个）	占比（%）	个数（个）	占比（%）
30	集装箱码头 RTG "油改电" 技术	7	8.43	—	—	5	45.45	2	4.88	—	—
31	港口带式输送机节能改造	7	8.43	—	—	3	27.27	4	9.76	—	—
32	港口物流系统应用	6	7.23	—	—	6	54.55	—	—	—	—
33	公路供配电节能技术应用	6	7.23	6	26.09	—	—	—	—	—	—
34	码头油气回收系统应用	5	6.02	—	—	3	27.27	2	4.88	—	—
35	天然气在港口装卸机械中的应用	5	6.02	—	—	2	18.18	3	7.32	—	—
36	节能型可变信息标志	5	6.02	5	21.74	—	—	—	—	—	—
37	港口机械自动控制系统	4	4.82	—	—	2	18.18	2	4.88	—	—
38	集装箱码头 ERTG 无油转场技术	4	4.82	—	—	1	9.09	3	7.32	—	—
39	交通运输综合管理平台项目	4	4.82	—	—	—	—	4	9.76	—	—
40	施工船舶节能技术应用	3	3.61	1	4.35	—	—	2	4.88	—	—
41	有轨电车	3	3.61	—	—	—	—	3	7.32	—	—
42	混合动力电动汽车	3	3.61	—	—	—	—	3	7.32	—	—
43	快速公交系统（BRT）	3	3.61	—	—	—	—	3	7.32	—	—
44	旋挖钻孔技术	2	2.41	2	8.7	—	—	—	—	—	—

续上表

序号	技术名称	覆盖项目		绿色公路		绿色港口		绿色交通城市		主题性项目	
		个数(个)	占比(%)	个数(个)	占比(%)	个数(个)	占比(%)	个数(个)	占比(%)	个数(个)	占比(%)
45	铁水联运信息服务平台应用	2	2.41	—	—	—	—	2	4.88	—	—
46	公路自发光交通标识项目	1	1.2	—	—	—	—	1	2.44	—	—
47	营运船舶智能化运管管理系统	1	1.2	—	—	—	—	1	2.44	—	—
48	低碳薄层桥面铺装体系	1	1.2	1	4.35	—	—	—	—	—	—
49	挤密砂桩(SCP)技术	1	1.2	1	4.35	—	—	—	—	—	—
50	平台式整平船技术	1	1.2	1	4.35	—	—	—	—	—	—
51	抛石夯平船节能技术	1	1.2	1	4.35	—	—	—	—	—	—
52	沉管安装船节能技术	1	1.2	1	4.35	—	—	—	—	—	—
53	预应力管桩应用	1	1.2	1	4.35	—	—	—	—	—	—
54	耐久性路面结构	1	1.2	1	4.35	—	—	—	—	—	—
55	节能型振动锤组振沉钢圆筒	1	1.2	1	4.35	—	—	—	—	—	—
56	全自动液压模板预制沉管技术	1	1.2	1	4.35	—	—	—	—	—	—
57	扁担梁胎架预制座拆除技术	1	1.2	1	4.35	—	—	—	—	—	—
58	沉管隧道体内精调新工艺	1	1.2	1	4.35	—	—	—	—	—	—

注:本表统计应用某类交通运输减碳技术的区域性主题性项目的个数,以及应用此类技术的区域性主题性项目占各类项目总数的比例。

交通运输领域减碳技术应用绩效　　　　　　表 7-4

序号	技术名称	覆盖项目总量		绿色公路		绿色港口		绿色交通城市		应用次数	完成率
		个数（个）	占比（%）	个数（个）	占比（%）	个数（个）	占比（%）	个数（个）	占比（%）	（次）	（%）
1	节能照明及相关技术应用	73	87.95	22	95.65	10	90.91	41	100	255	80
2	能耗统计监测管理信息系统	56	67.47	18	78.26	9	81.82	29	70.73	72	89
3	风能和太阳能在交通基础设施中的应用	47	56.63	21	91.3	4	36.36	22	53.66	77	75
4	交通基础设施建筑制冷及采暖节能技术应用	46	55.42	20	86.96	6	54.55	20	48.78	97	73

注:1. 覆盖项目总量指应用某类技术的区域性主题性项目总个数,以及在本次统计的 83 个项目中所占比例。

2. 为分析交通运输减碳技术推广情况,取消项目完成率按 0 计算,表格中计算完成率数值低于项目考核结果。

3. 表中未列出绿色交通省主题性子项目中交通运输减碳技术应用情况,造成部分技术在绿色公路、绿色港口和绿色交通城市中应用次数之和小于覆盖项目总量。

在公路领域中,公路建设施工期集中供电技术应用、ETC 系统应用、温拌沥青混合料技术应用、高速公路公众服务及低碳运行指示系统、车辆超限超载不停车(高速)预检管理系统 5 项技术应用范围较为广泛(表 7-5)。应用上述 5 项技术的项目占绿色公路主题性项目的比例均超过 50%。同时,相应的重点支撑项目实施情况较好,除温拌沥青混合料技术应用项目完成率为 85% 外,其余 4 项完成率均在 90% 左右,公路建设施工期集中供电技术应用更是高达100%。

公路领域交通运输减碳技术应用情况　　　　表7-5

序号	技术名称	绿色公路		绿色交通城市		覆盖项目总量		应用次数（次）	完成率（%）
		个数（个）	占比（%）	个数（个）	占比（%）	个数（个）	占比（%）		
1	公路建设施工期集中供电技术应用	21	91.3	4	9.76	25	30.12	27	100
2	ETC系统应用	18	78.26	16	39.02	34	40.96	38	97
3	温拌沥青混合料技术应用	18	78.26	15	36.59	33	39.76	41	85
4	高速公路公众服务及低碳运行指示系统	16	69.57	5	12.2	21	25.3	23	95
5	车辆超限超载不停车(高速)预检管理系统	14	60.87	14	34.15	28	33.73	32	89
6	公路隧道通风智能控制系统	14	60.87	3	7.32	17	20.48	17	100
7	天然气在公路施工机械中的应用	13	56.52	—	—	13	15.66	14	93
8	公路供配电节能技术应用	6	26.09	—	—	6	7.23	6	99
9	沥青路面冷再生技术应用	2	8.7	18	43.9	20	24.1	28	83
10	沥青拌和设备节能技术应用	2	8.7	9	21.95	11	13.25	19	98
11	公路自发光交通标识项目	—	—	1	2.44	1	1.2	1	0

注:同表7-2。

　　在港口领域中,港口智能化运营管理系统、靠港船舶使用岸电技术、港口供电设施节能技术应用、港口装卸机械工属具改造技术、大型电动机械势能回收技术、港口生产工艺优化应用、港口物流系统应用7项技术应用范围十分广泛(表7-6)。应用上述7项技术的项目占绿色港口主题性项目的比例均超过50%。其中,港口物流系统应用、港口供电设施节能技术应用、港口智能化运营管理系统3项完成率在90%左右,靠港船舶使用岸电技术和港口生产工艺优化应用项目完成率不足80%。

港口领域交通运输减碳技术应用情况   表7-6

序号	技术名称	绿色港口		绿色交通城市		覆盖项目总量		应用次数(次)	完成率(%)
		个数(个)	占比(%)	个数(个)	占比(%)	个数(个)	占比(%)		
1	港口智能化运营管理系统	10	90.91	11	26.83	21	25.3	60	89
2	靠港船舶使用岸电技术	9	81.82	7	17.07	16	19.28	20	79
3	港口供电设施节能技术应用	7	63.64	5	12.2	12	14.46	33	79
4	港口装卸机械工属具改造技术	7	63.64	5	12.2	12	14.46	22	86
5	大型电动机械势能回收技术	6	54.55	7	17.07	13	15.66	17	82
6	港口生产工艺优化应用	6	54.55	5	12.2	11	13.25	23	78
7	港口物流系统应用	6	54.55	—	—	6	7.23	8	100
8	集装箱码头RTG"油改电"技术	5	45.45	2	4.88	7	8.43	8	96
9	港口带式输送机节能改造	3	27.27	4	9.76	7	8.43	8	92
10	码头油气回收系统应用	3	27.27	2	4.88	5	6.02	10	78
11	天然气在港口装卸机械中的应用	2	18.18	3	7.32	5	6.02	6	98

序号	技术名称	绿色港口		绿色交通城市		覆盖项目总量		应用次数（次）	完成率（%）
		个数（个）	占比（%）	个数（个）	占比（%）	个数（个）	占比（%）		
12	港口机械自动控制系统	2	18.18	2	4.88	4	4.82	6	67
13	营运船舶节能技术应用	1	9.09	8	19.51	9	10.84	14	91
14	集装箱码头 ERTG 无油转场技术	1	9.09	3	7.32	4	4.82	4	90

注:同表 7-2。

在城市交通领域中,天然气车辆应用、营运车辆智能化运营管理系统、绿色汽车维修技术、物流公共信息平台、慢行交通系统、公众出行信息服务系统、机动车驾驶培训模拟装置 7 项技术应用广泛,应用上述 7 项技术的项目占绿色交通城市项目数量的比例超过 50%。但是,相关重点支撑项目实施情况并不是十分理想,项目完成率不高,仅营运车辆智能化运营管理系统和慢行交通系统达到 90%,未来仍具有推广空间(表 7-7)。

城市领域交通运输减碳技术应用情况　　表 7-7

序号	技术名称	绿色交通城市		绿色公路		覆盖项目总量		应用次数（次）	完成率（%）
		个数（个）	占比（%）	个数（个）	占比（%）	个数（个）	占比（%）		
1	天然气车辆应用	41	100	—	—	44	53.01	329	77
2	营运车辆智能化运营管理系统	39	95.12	—	—	39	46.99	135	93
3	绿色汽车维修技术	37	90.24	—	—	37	44.58	106	83
4	物流公共信息平台	28	68.29	—	—	28	33.73	61	82
5	慢行交通系统	28	68.29	—	—	28	33.73	38	92

续上表

序号	技术名称	绿色交通城市		绿色公路		覆盖项目总量		应用次数（次）	完成率（%）
		个数（个）	占比（%）	个数（个）	占比（%）	个数（个）	占比（%）		
6	公众出行信息服务系统	25	60.98	3	13.04	28	33.73	55	86
7	机动车驾驶培训模拟装置	22	53.66	—	—	22	26.51	43	81
8	数字航道系统	9	21.95	—	—	9	10.84	13	100
9	天然气船舶应用	8	19.51	—	—	8	9.64	10	47
10	有轨电车	3	7.32	—	—	3	3.61	4	75
11	混合动力电动汽车	3	7.32	—	—	3	3.61	3	100
12	施工船舶节能技术应用	2	4.88	1	4.35	3	3.61	6	100

注:同表7-2。

经综合分析,成熟度较高,节能减排效果和社会效益较为显著,但推广应用情况稍差的交通运输减碳技术应为后续推动的重点。例如,温拌沥青混合料技术应用、慢行交通系统、沥青路面冷再生技术应用、靠港船舶使用岸电技术和港口机械自动控制系统等均在此范围内,已具备初步规模和应用基础,在专项资金引导下在行业内推广应用前景较广。同时,在专项资金推动下,仍有部分交通运输减碳技术应用数量很少,应用相关技术的项目占区域性主题性项目总数的比例尚不足10%,主要原因在于市场本身需求空间有限,适合应用的空间不大或基本完成,受客观条件限制,后续应谨慎推进。

此外,对项目中绿色循环类和地方配套类项目也进行了梳理,其中,橡胶粉沥青在路面应用、粉煤灰利用、厂拌热再生技术等废弃物循环利用技术也有较好应用,在后续工作中应一并考虑进行推广。

7.2 交通运输重点减碳技术路径应用前景

为支撑行业绿色发展后续工作,对区域性主题性项目中奖励类重点支撑项目所涉及的交通运输减碳技术进行梳理,研究认为后续支持推广应用的重点技术应符合以下4个原则:

(1)具有公益性,经济效益不明显,社会效益突出。

(2)市场空间较大,行业内尚未大规模应用。

(3)符合国家节能环保政策支持。

(4)技术路线较为成熟、可行,具备推广实施条件。

基于上述考虑,初步筛选出重点推荐的10项技术,并逐项对每类技术进行分析。

7.2.1 减量技术

1)慢行交通系统

(1)技术应用现状。

慢行交通系统在28个区域性主题性项目中共计应用38次,项目完成率平均为86%,共计产生节能量42694tce,获得补助2561.64万元。

从目前区域性主题性项目中应用情况来看,共28个城市实施了慢行交通系统,在41个绿色交通城市中占比为68.29%,覆盖率较高。28个实施慢行交通系统的城市共投入车辆约37万辆,若每辆自行车平均成本按300元计算,仅自行车一项就投入超1亿元。

(2)需求分析。

我国城镇化率不断提高,2018年达59.58%,社会科学研究院预计2030年将达70%,按目前中国人口数14亿计算,未来11年内将有超过1亿人变为城市人口。城市公共交通作为城市为居民提供的公益性服务将承担越来越多的出行需求,如城市公共自行车作为城市公共交通的补充,成为很多城市解决"最后一公里"的抓手,全国各级城市均有建设。然而,随着"共享单车"的发明,城市公共自行车市场受到了巨大的冲击,很多城市的公共自行车变得无人问津。但由于"共享单车"由民营企业运营,不可能承担政府的公益性职能,其车辆大多投放至大中城市,中小城市依旧需要靠政府建设公共自行车解决"最后一公里"的问题。

(3)应用潜力。

目前,城市公共自行车系统已较为成熟,可做大范围推广。但因其建设成本与运营成本相对较高,经济效益较差,仅有少量经济实力较强的中小城市进行了建设。通过对已建设公共自行车系统的城市进行调查,城市居民对公共自行车的满意度很高,可见城市公共自行车是城市人民政府解决城市居民需求的一项重要措施。因此,可考虑对该技术继续进行支持。

(4)推广思路。

慢行交通是绿色出行的核心内容,能够切实有效解决出行"最后一公里"问题。但是,慢行交通发展仍存在体制机制不顺畅、制度标准不健全、资金投入不足、管理者和公众认识不到位等诸多问题,导致慢行交通出行环境仍较差,公众选择慢行交通出行的意愿不高。因此,建议:一是支持开展体制机制、政策标准等顶层设计方面的系统化研究,为发展慢行交通提供制度保障。二是积极争取将公路慢行道建设纳入交通运输基础设施规划,并给予财政资金支持;对于城市慢行道,积极协调住房和城乡建设部门共同推进。三是加强公共自行车系统及配套停车和服务设施建设,引导公共自行车、共享单车等行业健康发展。四是按照国务院对绿色出行工作的职责分工,加强与发展改革委、住房和城乡建设部等相关部门的沟通,推动理顺管理体制。

2）温拌沥青混合料技术应用

（1）技术应用现状。

温拌沥青混合料技术在16个绿色公路主题性项目和15个绿色交通城市中共计应用41次，项目完成率平均为85%，共计产生节能减排量8383万tce，获得补助502.98万元。

从本次统计的区域性主题性项目中应用情况来看，共涉及23个绿色公路主题性项目和41个绿色交通城市区域性项目，温拌沥青混合料技术在绿色公路项目中的应用比例为78.26%，在绿色交通城市中应用比例为采用风能和太阳能在交通基础设施中应用技术的项目占比，为36.59%，覆盖率较高，但是对应完成节能减排量也很少，说明单个项目实施规模较小，铺设里程多为几公里。

（2）需求分析。

《交通运输部关于全面加强生态环境保护坚决打好污染防治攻坚战的实施意见》明确要求，将绿色发展理念贯穿交通基础设施工程可行性研究、设计、建设、运营和养护全过程，通过土地节约、材料节约及再生循环利用、生态环境保护等举措，积极推进绿色铁路、绿色机场、绿色公路、绿色航道、绿色港口建设。

温拌沥青混合料（WMA）与相同类型热拌沥青混合料相比，在基本不改变沥青混合料配合比和施工工艺的前提下，通过技术手段，使沥青混合料的拌和温度降低30~40℃，性能达到热拌沥青混合料的性能。与普通热拌沥青混合料（约加热到150℃）相比，温拌沥青混合拌和和摊铺温度明显降低，不仅能够节省大量的加热能源，同时，可以最大限度减少烟气、粉尘和有害气体排放，从而有效地保护施工人员的身体健康及降低环境污染。

（3）应用潜力。

2013年，美国温拌沥青混合料占比为30%，2017年达到近39%，占比不断提升。相比而言，我国温拌沥青混合料占比较低，随着我国公路基础设施建设进一步推进，应用前景较为广泛。

但是,由于温拌剂价格和性能差距较大,造成保证公路路面性能需要投入的成本较高,采用低价温拌剂,又会导致路面性能大大降低,因此,可考虑对该项技术进一步给予资金支持,加强引导应用。

(4)推广思路。

鉴于我国未来将有大量公路将进入改扩建和大中修阶段,推广应用温拌沥青混合料技术在公路建设中应用,对于环境保护具有十分重要的意义。因此,建议:一是针对进入改扩建和大中修阶段的公路进行专项引导,对采用此类技术的企事业单位给予经济支持,比如设立奖励资金、税收优惠等。二是加强技术创新投入,降低温拌沥青混合料技术成本、加强技术稳定性,提升温拌沥青路面的安全性。三是加强标准规范研究,保证路面性能。

3)机动车驾驶培训模拟装置

(1)技术应用现状。

机动车驾驶培训模拟装置在22个区域性主题性项目中共计应用43次,项目完成率平均为81%,替代燃料量为11074t。

从目前区域性主题性项目中应用情况来看,共涉及41个绿色交通城市区域性主题性项目,采用机动车驾驶培训模拟装置技术的项目占比为53.66%,覆盖率较高。

(2)需求分析。

随着我国城镇化率逐渐增加,人民生活水平不断提高,经济型小汽车市场规模不断扩大。小汽车正在成为普遍的代步工具走进每个家庭,驾驶培训作为考取机动车驾驶证前必需的步骤势必有较大需求。

(3)应用潜力。

目前,机动车驾驶培训模拟装置较为成熟,适合大范围推广。交通运输行业有大量的驾驶培训企业。项目完成率73.74%,说明在资金支持下,企业仍有建设动力。由于部门补助额度较低,企业积极性并不高,因此,可考虑后续对该技术领域继续进行支持。

（4）推广思路。

机动车驾驶培训模拟装置应用技术成熟度高、投资规模不大、社会效益较好的技术，建议通过政策或标准予以引导。

4）绿色汽车维修技术

（1）技术应用现状。

绿色汽车维修技术在 37 个区域性主题性项目中共计应用 106 次，项目完成率平均为 83%，节能减排投资额 2.7 亿元。

从目前区域性主题性项目中应用情况来看，共涉及 41 个绿色交通城市区域性项目，采用绿色汽车维修技术的项目占比为 90.24%，覆盖率较高。

（2）需求分析。

我国汽车保有量不断增长，车辆维修需求也随之增加。目前全国汽车维修企业存在小、乱、差的情况，维修过程中废气、废物、粉尘、噪声等问题严重，亟须解决。

（3）应用潜力。

目前，绿色汽车维修技术较为成熟，适合大范围推广。交通运输行业有大量汽车维修企业。项目完成率为 77.36%，说明在资金支持下，企业仍有建设动力。由于部门补助额度较低，企业积极性并不高，因此，可考虑后续对该技术领域继续进行支持。

（4）推广思路。

绿色汽车维修技术等技术成熟度高、投资规模不大、社会效益较好的技术，建议通过政策或标准予以引导。

7.2.2 替代技术

1）风能和太阳能在交通基础设施中的应用

（1）技术应用现状。

风能和太阳能在交通基础设施中的应用技术在 47 个区域性主题性项

目中共计应用77次,项目完成率平均为75%,共产生节能量19453万tce,获得补助1167.18万元。其中,25个项目为光伏发电项目,产生节能量13054.1万tce,获得补助资金783.246万元。

从本次统计的区域性主题性项目中应用情况来看,共涉及75个绿色公路、绿色港口和绿色交通城市区域性主题性项目,采用风能和太阳能在交通基础设施中应用技术的项目占比为56.63%,覆盖率较高,但是对应完成节能减排量很少,说明单个项目实施规模较小。

(2)需求分析。

我国能源结构持续改进,但仍然以煤炭为主,2018年,煤炭占比为58%,可再生能源消费增长29%。在非化石能源中,太阳能发电增长最快(+51%),其次是风能(+24%)。从全球范围来看,煤炭在一次能源消费中所占比重已下降至27.2%,因此,未来继续推进风能和太阳能在交通基础设施中的应用十分必要。

(3)应用潜力。

目前,太阳能光伏发电技术较为成熟,适合大范围推广。交通运输行业有大量的公路服务区、客货运输站(场)和物流园区等公共建筑屋顶可供建设光伏发电设施,但由于光伏板成本偏高,此类项目经济效益较差,目前仅部分项目少量应用,未进行规模化建设。项目完成率为83.75%,说明在资金支持下,企业仍有建设动力,由于部门补助额度较低,企业积极性并不高,因此,可考虑后续对该技术领域继续进行支持。

(4)推广思路。

交通运输行业属于能源密集型行业,随着加快建设交通强国的推进,智能交通将成为未来交通运输发展的趋势之一。能源结构合理化不仅关乎国家能源安全问题,是智能化发展的基础,同时也有利于环境和生态保护。因此,建议以加快推动太阳能、风能等可再生能源在交通基础设施中的利用为重点,兼顾引导天然气等清洁能源在沥青拌和站等高污染高耗能设施设备中的应用。因此,建议:一是给予中央奖励资金支持,引导场站、港区、服务区和物流园区等空间搭建太阳能发电设施,为加快推进智能交通发展提供基础条件。二是加强与工业和信息化部、国家电网的沟通,科学布局、并网建设、规范推进。三是加强标准建设,对于开展沥青拌和站等设施能效标准和排放限值的研究,从源头进行控制,引导交通运输设施设备清洁化改造。

2)靠港船舶使用岸电技术

(1)技术应用现状。

靠港船舶使用岸电技术应用在 16 个区域性主题性项目中共计应用 20次,项目完成率平均为 79%,节能减排投资额 1.5 亿元,获得补助 3012万元。

从目前区域性主题性项目中应用情况来看,涉及绿色港口和包含港口的绿色交通城市区域性主题性项目,采用靠港船舶使用岸电技术应用技术的项目占比接近 100%,覆盖率较高。

(2)需求分析。

靠港船舶使用岸电是控制船舶污染排放、改善港口大气环境的重要措施。《中华人民共和国大气污染防治法》《大气污染防治行动计划》明确提出了船舶污染防治和靠港船舶使用岸电建设任务要求。2018 年,中共中央、国务院印发《中共中央 国务院关于全面加强生态环境保护 坚决打好污染防治攻坚战的意见》,国务院印发《打赢蓝天保卫战三年行动计划》,对靠港船舶使用岸电提出了更高要求:到 2020 年,长江干线、西江航运干线、京杭运河水上服务区和待闸锚地基本具备船舶岸电供应能力。沿海主要港口50% 以上专业化泊位(危险货物泊位除外)具备向船舶供应岸电的能力。目前,靠港船舶使用岸电建设仅完成约四分之一的任务,污染防治效果已初步显现,后续建设工作正全面推进,亟须中央财政继续给予引导与支持。

(3)应用潜力。

一是靠港船舶使用岸电依靠交通运输节能减排资金支持,尤其是

2016—2018 年专项奖励资金,建设进度大幅推进,技术经过实践检验,较为成熟。二是建设潜力仍然较大,全国已经建成的岸电系统的码头还不足需求的 1/3,仍有发展空间。三是岸电初期投资大、回收期长的特点没有改变。四是经过多年推动,在行业内外已经进行了充分动员、达成共识,形成合力,具备有利条件。下一步可考虑通过专项支持进一步扩大基础设施规模,实现良好的节能减排效益。

(4)推广思路。

靠港船舶使用岸电技术应用需要综合举措予以推进。这些措施包括:一是中央奖励资金,中央奖励资金主要作用是引导加大建设力度,形成一定规模的基础设施,弥补一部分企事业单位的初期投资成本。二是行政性政策,形成以市场为基础的岸电使用长效机制,建立交易机制、强制使用制度和基础设施配套建设制度等。三是规范推进机制,岸电的推行需要船、岸配合以及各方共同参与,这就需要港口与船舶基础设施建设进度、采用标准以及供电需要高度协调,包括编制《岸电布局规划》《船舶岸电建设改造规划》、船舶与岸电技术标准体系等需要完善。以上三个方面缺一不可。

7.2.3 增效技术

1)港口机械自动控制系统

(1)技术应用现状。

港口机械自动控制系统在 2017—2019 年验收的 4 个区域性主题性项目中应用 6 次,项目完成率平均为 67%,核定的替代燃料量 1822t 标准油、节能量 90tce、节能减排投资额 4230 万元。

从目前区域性主题性项目中应用情况来看,83 个区域性主题性项目,采用港口机械自动控制系统技术的项目占比为 4.82%,在绿色港口中占比也只达到 18.18%,覆盖率低,潜力较大。

（2）需求分析。

随着我国深入推进国际贸易,港口吞吐量持续增长,较长时期内高吞吐量的现状不会改变。同时,我国老龄化日益严峻、港口传统工艺和装卸作业流程中特有工种的人才需求缺口问题日益突出。上海港、青岛港的全自动码头系统建设应用正是这一背景的产物。目前看,自动化技术日趋成熟,自动化码头作业效率超越传统作业方式,且技术逐步实现国产化。我国还有大量码头未实现自动控制,需求空间巨大,是未来发展方向。同时,其初始投资较大,政府给予引导支持可以加快转型升级进程,加快港口现代化步伐,同时实现良好的节能减排效益。

（3）应用潜力。

目前,港口机械自动控制系统技术已经成熟,需求潜力大,初期投资大,经济效益较差,目前仅部分项目少量应用,未进行规模化建设。因此,可考虑后续对该技术领域继续进行支持。

（4）推广思路。

未来绿色发展必须依靠高度信息化手段实现,港口自动化码头建设是具有前瞻性的重要技术,是建设智慧港口、促进港口现代化的重要支撑技术。当前只有少量港口进行了试点建设,取得了良好的效果。需要国家给予相应的支持:一是给予资金方面支持,包括财政资金、基金类资金支持,降低初始投资的企业负担。二是加强港口机械自动化相关成套技术国产化,加强科技创新、培育技术实力,增强技术支撑,探索各类型港口码头自动化的成套技术。三是出台港口机械自动化系统应用,港口技术转型升级的战略规划或引导政策,促成行业规范、有效的发展升级模式形成。

2）能耗统计监测管理系统应用

（1）技术应用现状。

能耗统计监测管理系统应用在 56 个区域性主题性项目中共计应用 72次,项目完成率平均为 89%,节能减排投资额 1.92 亿元,获得补助 2875.2

万元。

从目前区域性主题性项目中应用情况来看,83个区域性主题性项目,采用能耗统计监测管理系统应用技术的项目占比为67.47%,覆盖率较高,大部分区域性主题性项目设置了能耗统计监测管理系统,实现了能耗数据的信息化管理,为后续互联共享、数据整合打下了基础。

(2)需求分析。

能耗统计一直是交通运输行业节能减排管理工作的薄弱环节。自20世纪80年代起,我国公路水路行业民营企业快速发展,逐步脱离了我国计划经济时期建立的统计体系,统计数据的及时性、准确性有待提高。2007年,交通运输行业能耗数据发布收归国家统计局,交通运输行业原有统计体系和渠道逐步作废,各级交通运输主管部门对行业节能减排状况底数不清、方向不明,管理无的放矢的问题日益突出,重建可靠的能耗统计监测体系成为必须解决的急迫问题。近些年,交通运输行业信息化、智能化、网络化明显,大数据、云计算、信息共享、现代通信等技术应用日益增多、技术日益成熟,为利用现代信息技术实现能耗数据统计监测共享提供了新的机遇。目前,交通运输部正在构建部级的能耗统计监测数据平台,旨在建立完善的部、省(自治区、直辖市)到企事业单位的数据统计监测平台并实现联通共享。

(3)应用潜力。

目前,能耗统计监测管理系统应用较为成熟,适合在全国范围内推广。交通运输行业有大量的港口企业、道路或水路运输企业、公路建设企业及基础设施运营主体,可以通过前期资金支持实现主要大型企事业单位与政府部门的互联互通、数据共享,后期通过制度、协议等框架实现长期运营并更新升级服务。目前阶段仅限于独立的已建成系统,形成了大量服务于内部的信息孤岛,互联互通、信息共享是今后重点发展方向。在前期资金支持下,项目完成率为89%,且67%以上的实施主体实现覆盖,这说明市场有需求、企业有积极性,但数据共享不够。下一步可以利用信息化资金渠道或单独资金渠道进行支持。

通过专项支持,可推动整个行业的数据化、智能化,促进互联互通,推动行业发展转型升级。

(4)推广思路。

能耗统计监测管理系统是涉及全行业的重要事项,是行业推进绿色发展科学决策的基础,需要专项政策推动。这些工作的推进涉及技术衔接、资金投入、管理运行、结果应用,是一项长期工作。因此,建议:一是建立一支稳定的队伍,协调各方共同推进相关工作,负责具体解决衔接中的问题。二是由于工作的持续性强且公益性强,建议部级平台建设维护纳入信息化专项支持,并推动地方政府对省市级平台建设给予资金支持。三是建立长效运行的制度体系,从法规层面建立制度体系,明确部、省(自治区、直辖市)、企事业单位相关职责定位和权力义务。四是建立技术标准规范和技术支持体系。

7.2.4　循环技术

1)沥青路面冷再生技术应用

(1)技术应用现状。

沥青路面冷再生技术应用在 2 个绿色公路主题性项目和 18 个绿色交通城市中共计应用 18 次,项目完成率平均为 83%,共产生节能减排量 36230万 tce,获得补助 2173.8 万元。

从本次统计的区域性主题性项目中应用情况来看,共涉及 23 个绿色公路主题性项目和 41 个绿色交通城市区域性项目,沥青路面冷再生技术应用在绿色公路项目中的比例为 8.7%,在绿色交通城市中的应用比例为 43.90%。该技术仅用于公路大中修或改造工程,目前已经具备一定的实施基础。

（2）需求分析。

《中共中央　国务院关于全面加强生态环境保护　坚决打好污染防治攻坚战的意见》明确要求加快推进垃圾分类处理,开展垃圾资源化利用。公路建设自身垃圾及工业和建筑业垃圾在公路建设领域再利用,将是未来的重点。

（3）应用潜力。

由于沥青路面冷再生技术只能用于公路大中修或改扩建项目中,未来我国公路基础设施更多地进入维护阶段,自身产生的废弃物将会较多。2013年,美国使用路面再生材料用量比例超过20%的州从2009年的7个增加到2013年的22个。在美国中部和西部地区,路面再生材料的用量显著增加,例如,爱达荷州路面再生材料的应用比例,从2009年的6%快速增加到2013年的30%。未来,该技术领域也应是我国交通运输行业绿色发展的重点之一,因此,可考虑对该项技术进一步给予资金支持,加强引导应用。

（4）推广思路。

鉴于我国未来将有大量公路将进入改扩建和大中修阶段,推广应用沥青路面冷再生技术,加强粉煤灰、矿渣等废弃物在公路建设中应用,对于环境保护都具有十分重要的意义。因此,建议:一是针对进入改扩建和大中修阶段的公路进行专项引导,对采用此类技术的企事业单位给予经济支持,比如设立奖励资金、税收优惠等。二是加强技术创新投入,降低材料循环利用技术成本、加强技术稳定性,提升废弃物在路面材料应用的安全性。三是加强标准规范研究,保证路面性能。

2）码头油气回收系统应用

（1）技术应用现状。

码头油气回收系统应用在5个区域性主题性项目中应用10次,项目完成率平均为78%,实现节能量6042tce,获得补助362.52万元。

从目前区域性主题性项目中应用情况来看,绿色港口中包括大连港、天津港、青岛港、南京港、厦门港、广州港和舟山港均开展了码头油气回收系统项目进行试点示范,覆盖率较高。

(2)需求分析。

码头油气回收是将收集的船舶货油蒸气通过码头管道输送至油气回收设备,经处置后油气还原为油品,回收再利用的过程,具有节能减排的良好效果。码头油气回收在欧美等发达国家开展了约30年,在技术和政策方面相对成熟。我国码头油气回收起步相对较晚,目前已开展了相关技术和政策的研究、试点等工作,积累了一定的经验。当前国家大气污染防治要求越来越高,随着"蓝天保卫战""污染防治攻坚战"相继出台,收集油气,减少大气直接排放需求迫切。我国目前已经成为世界第一大原油进口国,LNG进口量也快速增长,减少油气损失和抑制大气污染是必须解决的重大问题。

目前,由于油气回收设施投资较大、回收期较长,且需要船舶与港口配合等涉及船岸衔接问题,需要国家给予必要的支持才能推进,特别是给予中央财政支持。

(3)应用潜力。

目前,码头油气回收系统应用经过交通运输节能减排资金支持已经完成多套设备设施建设工作,也有部分设施投入使用,初步积累了经验;后期建设潜力较大,主要是因为我国成为世界最大的原油进口国,油气码头遍布我国北中南沿海港口,而开展油气回收的码头还很少。国外技术已经成熟,但我国在初步应用方面尚存在一定技术政策问题,集中推进利于解决。另外,该项目初期投资大,回收期长,公益性突出,符合财政支持方向。下一步可考虑通过专项支持进一步扩宽设施规模,实现油气回收生产,既有良好的经济效益,也能实现良好的环境效益。

(4)推广思路。

码头油气回收系统应用技术成熟度偏低、社会效益突出,但投资巨大,建议加强对技术创新和升级的引导,待成熟度进一步提高后,再向行业进行规模化推广。

7.3 交通运输减碳技术路径应用保障建议

7.3.1 加快科技创新

贯彻落实创新驱动发展战略,坚持把创新作为推动交通运输低碳发展的第一动力,把低碳交通技术创新与能源转型作为重要着力点,推广应用清洁能源,着力加强节能与新能源装备设备的研发创新。

一是推动运输装备技术升级。大力推进运输设备轻量化,包括车辆轻型化、转向架轻量化和电气设备的轻量化等;在城际轨道交通等停站较多的列车运行模式中,推广再生制动技术,可降低能耗15%~30%;不断发展重载运输技术,重点在蒙陕甘宁等能源富集地区与鄂湘赣等华中地区,加快建设长距离重载铁路运输通道。道路运输方面,积极推动燃油经济性和运输装备技术等应用,大幅提高车辆装备制造技术,大力提升运输装备专业化、标准化和大型化水平。水路运输方面,积极推进船舶大型化和标准化,可节能减碳潜力达10%~25%;大力推进船体节能减碳技术发展,降低船舶燃料消耗5%左右。

二是加快实现运输装备新能源化。加快推广普及新能源汽车,逐步降低新能源汽车的制造和使用成本,使其发展成为市场主流。稳步推进氢燃料汽车发展,重点在长距离货运和城际公交等领域,充分挖掘释放氢能汽车的发展潜力。积极推广应用清洁能源船舶,力争到2025年前基本建成LNG加注码头体系,为加快LNG燃料动力船舶推广发展提供有力保障;积极推进我国电动船舶在渡轮、游船、集装箱船、货船、工程船等船舶中的应用。

7.3.2 加强技术推广

绿色交通发展具有很强的公益属性,加大交通运输企业投资,产生的经济效益较低,但是会产生较强的正外部性。为提高企业的积极性和主动性,需强化企业节能环保主体责任,引导并鼓励企业加大资金投入。

一是积极争取财政资金支持。统筹利用中央资金引导绿色交通发展、推广交通运输减碳技术应用,加大地方配套资金支持力度,推动各级交通运输主管部门积极争取地方各级财政资金支持绿色交通建设。

二是拓宽绿色交通资金渠道。积极争取国家绿色发展基金等资金支持,通过政府和社会资本合作(Public-Private Partnership,PPP)、基础设施信托投资基金(Real Estate Investment Trust,REITs)等投融资模式加大投入,研究绿色债券、绿色信贷支持交通运输减碳技术应用和绿色交通基础设施建设等相关政策。

三是探索市场手段推广交通运输减碳技术。鼓励合同能源管理、节能潜力诊断服务、碳排放核查等市场机制在行业内的应用。健全市场激励政策,研究探索差异化收费、城市交通拥堵收费、个人碳积分等政策。

7.3.3 加强标准约束

建立健全交通运输节能减排制度标准,加强对行业准入、行政审批等的约束,并以此促进车船等运输装备和交通设备设施的技术创新和升级换代。

一是建立健全绿色交通标准体系。开展绿色交通标准体系建设研究,及时修订绿色交通标准体系,系统梳理既有国家标准、行业标准、地方性标准,分析未来标准建设需求,加快完善绿色交通相关标准。制定标准体系年度推进计划,按照相关技术发展水平、未来推广需求和现有研究基础,安排相关标准的推进时序。大力支持自主研发、处于国际和国内领先的技术申报交通运输行业标准立项计划或国家标准立项计划,提升在行业和国家的影响力。鼓励开展地方标准的制修订工作。加快制定团体标准或企业标准,快速响应创新和市场对标准的需求,填补现有标准空白。

二是加强技术标准的执行与监督。加强对《公路 LED 照明灯具　第 4 部分:桥梁护栏 LED 照明灯具》(JT/T 939.4—2020)、《绿色港口等级评价指南》(JTS/T 1054—2020)、《港口工程清洁生产设计指南》(JTS/T 178—2020)、《内河航道绿色建设技术指南》(JTS/T 225—2021)、《内河航道绿色养护技术指南》(JTS/T 320-6—2021)、《港口能源消耗在线监测系统建设规范》(JTS/T 243—2021)等既有标准的宣贯、实施监督和评估,确保相关标准的实施效果。严格实施道路运输车辆燃料消耗量达标管理制度。依据《中华人民共和国节约能源法》《中华人民共和国道路运输条例》有关规定,严格实施道路运输车辆燃料消耗量限值达标管理制度,发布符合安全、节能要求的营运客货车达标车型,对不符合有关标准要求的车型撤销公告,实施动态管理。

三是加强标准化基础能力建设。支持交通运输行业科研机构、相关企事业单位开展标准化研究项目,加大科研投入。加强绿色交通标准化专家队伍建设。加强标准化专业人才、管理人才和企业标准化人员培养,加强行业计量、检验检测、认证人才队伍建设。

7.3.4　开展试点示范

交通运输低碳发展是一项复杂的系统工程,既需要统筹谋划,更需各级地方政府、各专业领域层面的全面参与和实践。要按照"强化体系、突出特色、统筹推进、条块结合"的原则,开展低碳交通区域性主题性试点示范,强化顶层设计,加强宏观指导,精心组织实施,坚持循序渐进,积极研究探索,按步骤、分时序、分批次精心组织开展不同类型、不同层次的试点示范工作,认真总结好、提炼好、宣传好相关经验做法,形成一批可复制、可推广的模式,充分发挥对全行业低碳发展的引领带动作用。

一是大力推进低碳交通示范区域示范。积极组织开展以绿色交通省区、城市(群)、区(县)乡镇等为主的区域性的绿色交通示范重大工程,加强交通运输节能降碳新技术在绿色交通与绿色出行领域的应用。鼓励低碳交通区域示范的省(自治区、直辖市)和城市(群),在全国率先提出交通运输行业达峰时间和零碳排放行动计划,制定面向未来的行业零碳行动路线图,尽早实现零碳排放目标。

二是注重打造低碳交通示范企业。继续推进低碳交通企业示范,密切配合国家企业节能低碳专项行动,深入开展交通运输行业低碳交通运输企业示范行动。鼓励企业主动强化低碳交通技术创新与应用,提升企业主动加快温室气体减排的意识,鼓励低碳交通示范企业自愿加入近零排放行动计划。

三是着力建设绿色交通示范工程。积极推进绿色铁路、绿色公路、绿色港口、绿色航道、绿色机场、绿色场站、绿色枢纽等重大示范工程建设,以绿色交通示范项目为支撑,积极推进铁路、公路、港口、航道、机场、场站、枢纽等基础设施建设和运营领域在低碳交通关键技术与产品推广、智慧交通等方面的交通科技创新发展。

四是积极推进新技术新模式新业态试点。围绕交通装备智能化和绿色化开展技术攻关,提高运输效率、降低碳排放。针对车路协同、智慧车列、智慧物流、地下物流、新能源汽车与储能协同发展等新模式和新业态,在全国范围内选择有条件、有基础、规模适当的区域,加强试点示范建设,形成一批可复制、可推广的模式,为在全国范围内推广奠定良好基础。

8 经济社会效益

本书依托研究项目提出的减碳技术清单、减碳能力评估方法、资金政策体系、碳排放核算预测模型等成果,明晰了交通运输绿色低碳发展技术路径,全面提升了行业减碳技术评估的科学性和规范性,开创了区域性主题性绿色交通试点示范新模式,推动了行业节能减碳技术大规模集成应用,具有显著的经济社会效益。这些经济社会效益具体包括:

(1)支撑了交通运输节能减排财政资金支持政策的出台。

研究提出的交通运输节能减排专项资金支持范围和重点、"以奖代补"支持方式、量化补助额度测试标准、区域性主题性项目界定和组织实施模式,以及年度优先支持领域和技术等成果,支撑交通运输部和财政部联合印发了《交通运输节能减排专项资金管理暂行办法》《交通运输节能减排专项资金支持区域性、主题性项目实施细则(试行)》以及2011—2014年度《交通运输节能减排专项资金申请指南》等文件。研究提出的交通运输节能减排能力技术项目管理原则、立项实施验收和成果技术要求、第三方认证机构审核技术基础及节能减排量及节能减排投资额审核技术要求等,支撑交通运输部印发了《交通运输节能减排能力建设项目管理办法(试行)》《交通运输节能减排第三方审核机构认定暂行办法》等文件。从管理政策、奖补政策和评价政策三个维度构建了资金管理和项目运行的新模式。

(2)支撑了"双碳"目标下交通运输行业节能降碳工作部署。

研究提出的减碳技术清单、减碳能力评估方法以及减碳技术实施效果后评估和展望,支撑了《交通运输部 国家铁路局 中国民用航空局国家邮政局贯彻落实〈中共中央 国务院关于完整准确全面贯彻 新发展理念做好碳达峰碳中和工作的意见〉的实施意见》《绿色交通"十四五"发展规划》等文件中关于减碳技术的部署与要求;支撑了《"十四五"交通领域科技创新规划》中绿色交通领域技术的提出以及《绿色交通标准体系2022》中节能降碳技术标准研究。同时也支撑了江苏、河南、山东等省(自治区、直辖市)"十四五"绿色交通发展规划的编制,对促进地方绿色交通发展理念升级转型发挥了积极有效的作用。

(3)促进了节能减排新材料、新技术、新工艺在交通运输行业的广泛应用。

研究提出的减碳技术清单、减碳能力评估方法和碳排放管理平台,支撑了交通运输部编制并发布2016、2019、2021年度《交通运输行业重点节能低碳技术推广目录》,有力推动了行业绿色低碳技术的广泛应用;支撑了除西藏外其他所有省(自治区、直辖市)和中国交通建设集团有限公司等5个大型央企在2011—2019年间交通运输节能减排专项资金支持项目的申请和实施工作,开创了区域性主题性绿色交通试点示范新模式,奠定了行业节能减碳技术大规模集成应用的基础,其中天然气营运车辆超过18万辆,新能源公交车超过40万辆,新能源货车超过43万辆,电能驱动港口RTG比例由2010年的30%实现了全覆盖,极大地改善了行业用能结构;《交通运输节能减排项目节能减排量或投资额核算技术细则》一书的公开出版,填补了行业节能减排技术成效测算方法的空白,提升了交通运输绿色低碳测算方法的科学性、规范性和可操作性,支撑了江苏省交通运输厅、河南省交通运输厅、中国交通建设集团有限公司等部门和企业开展本区域或本系统内的绿色低碳示范项目的申请和审核工作的开展,显著推动了交通运输行业节能减排科技创新和行业技术进步。

(4)调动了交通运输节能降碳技术改造社会资金的投入,产生了显著的经济效益。

研究提出的减碳技术清单、减碳能力评估方法、资金政策体系等成果,支持了《交通运输节能减排项目节能减排量或投资额核算技术细则》等成套技术文件编制,支撑了交通运输部印发《交通运输部办公厅关于开展区域性主题性交通运输节能减排项目2017—2019年考核工作的通知》,支撑交通运输部完成了4批62个绿色交通省、绿色交通城市、绿色公路、绿色港口等区域性主题性节能减排项目试点示范工作;支撑交通运输部印发了《靠港船舶使用岸电 2016—2018 年度项目奖励资金申请指南》,保障了靠港船舶使用岸电项目奖励补助工作的顺利开展,中央财政于 2016—2018 年通过车辆购置税收入补助地方资金对沿海和内河港口岸电设施设备建设和船舶受电设施设备改造项目予以奖补,三年共安排车辆购置税奖励资金 7.4 亿元,支持靠港船舶使用岸电项目 245 个,建成岸电系统接船数量约 5 万艘次,使用电量 5.87 亿 kW·h;为北京、江苏、重庆、河南等地方节能减排资金奖补提供技术借鉴。部级各类项目核算方法被应用超过 2000 次,每年产生直接节能量 63.13 万 tce、替代燃料量 241.93 万 t 标准油、减少 CO_2 排放量约 371.55 万 t,实现增效技术投资 66.20 亿元,引导社会绿色降碳投资超过 3000 亿元。

(5)提升了交通运输企业核心市场竞争力。

通过广泛运用减碳技术清单、减碳能力评估方法、资金政策体系等成果,建立了一套绿色发展体系,引领全国交通运输企业加快推进交通运输绿色低碳转型;形成了一大批成果和系统的技术标准,显著推动了交通运输行业节能降碳科技创新和行业技术进步;研发了集监测、核算、预测及效果评估于一体的交通运输碳排放管理平台,推进了交通运输行业管理现代化,全面提升交通运输碳排放精细化管理水平;初步形成了一门关于交通运输减碳技术路径的学科,将绿色发展理念贯彻到交通运输各项工作中,提升了交通运输绿色发展水平;培养锻炼了一批核心的专业人士专家团队,造就了一批绿色交通服务企业和技术团队,为绿色交通事业更好发展奠定了人才基础;提升了从业人员、从业单位以及相关方的节能降碳意识和能力,极大地调动了广大交通运输企业开展节能降碳工作的积极性和能动性;切实提升了广大交通运输企业绿色低碳可持续发展理念,有力增强了企业的国际影响力与市场竞争力。

(6)通过交通运输节能降碳宣传推广,带动全社会树立绿色理念,参与绿色出行。

通过宣传推广减碳技术清单、减碳能力评估方法等,各级交通运输部门应用节能降碳新理念、新技术、新装备,积极推动交通基础设施绿色化,大力推广节能和新能源车辆,推动提升公共交通、慢行交通水平,为社会公众提供了更多绿色出行方式和更高效的出行选择,更好地满足了广大人民绿色出行需要,带动和促进了社会绿色出行。

参 考 文 献

[1] SALVATORE S, DANIELA R. A methodology for the estimation of road transport air emissions in urban areas of Italy[J]. Atmospheric Environment, 2002,36(34):5377-5383.

[2] WANG J,LU H P, PENG H. System dynamics model of urban transportation system and its application[J]. Journal of Transportation Systems Engineering & Information Technology, 2008, 8(3):83-89.

[3] LIU K J, FU Y L,XIE L Y, et al. Green and efficient: oxidation of aldehydes to carboxylic acids and acid anhydrides with air[J]. Acs Sustainable Chemistry & Engineering, 2018, 6(4):4916-4921.

[4] STEPHENSON J, SPECTOR S, HOPKINS D, et al. Deep interventions for a sustainable transport future[J]. Transportation Research Part D: Transport and Environment, 2018, 61: 356-372.

[5] ACAR C , DINCER I . The potential role of hydrogen as a sustainable transportation fuel to combat global warming[J]. International Journal of Hydrogen Energy, 2020,45(5):3396-3406.

[6] YANG Y, WANG C, LIU W, et al. Microsimulation of low carbon urban transport policies in Beijing[J]. Energy Policy, 2017, 107: 561-572.

[7] Tang B J, Li X Y, Yu B, et al. Sustainable development pathway for intercity passenger transport: A case study of China [J]. Applied Energy, 2019, 254: 92-116.

[8] PARSHALL L , GURNEY K , HAMMER S A , et al. Modeling energy consumption and CO_2 emissions at the urban scale: Methodological challen-

ges and insights from the United States[J]. Energy Policy, 2010, 38(9):4765-4782.

[9] HAYAMA. 2006 IPCC guidelines for national greenhouse gas inventories [M]. Japan: Institute for Global Environmental Strategies, 2006.

[10] 池熊伟. 中国交通运输行业碳排放分析[J]. 中国交通运输行业碳排放分析,2012,(4):7.

[11] 解天荣,王静. 交通运输业碳排放量比较研究[J]. 综合运输,2011(8):20-24.

[12] 蔡博峰,曹东,刘兰翠,等. 中国道路交通二氧化碳排放研究[J]. 中国能源,2011,33(4):26-30.

[13] 伊文婧. 我国交通运输能耗及形势分析[J]. 综合运输,2017,39(1):5-9.

[14] 欧阳斌,凤振华,李忠奎,等. 交通运输能耗与碳排放测算评价方法及应用——以江苏省为例[J]. 软科学,2015,29(1):139-144.

[15] 温景光. 江苏省碳排放的因素分解模型及实证分析[J]. 华东经济管理,2010,24(2):29-32.

[16] 高标,许清涛,李玉波,等. 吉林省交通运输能源消费碳排放测算与驱动因子分析[J]. 经济地理,2013,33(9):25-30.

[17] 宋梅,郝旭光. 北京市交通运输业能源消费碳排放影响因素分析[J]. 中国能源,2018,40(2):42-47.

[18] 田建华,穆海林,张明,等. 基于并联灰色神经网络的交通运输能源消费与环境排放预测[J]. 教育时空,2008,1(2):48-49.

[19] 刘燕灵,王屾. 国内交通运输行业能耗现状统计分析[J]. 交通世界,2018,26(9):22-24.

[20] 王灿,丛建辉,王克,等. 中国应对气候变化技术清单研究[J]. 中国人口.资源与环境,2021,31(3):1-12.

[21] 李梦月,姚岢,樊清清. 基于层次分析法的交通运输节能减排示范项目

绩效评价研究[J].交通节能与环保,2019,15(4):44-47.

[22] 范杰.交通运输重点节能低碳技术评价及推广应用措施研究[J].交通节能与环保,2019,15(1):1-4.

[23] 贾立江,范德成.低碳技术创新项目优选的评价模型[J].统计与决策,2011(10):39-41.

[24] 王楠.交通运输行业能耗统计监测方法与特点分析[J].电脑迷,2018(5):224.

[25] 陈诚知.交通运输节能项目节能量核算方法初探[J].上海节能,2015(4):208-211.

[26] 贾海娟.航空公司碳减排效率评估方法研究[D].天津:中国民航大学,2014.

[27] 张秀媛,杨新苗,闫琰.城市交通能耗和碳排放统计测算方法研究[J].中国软科学,2014(6):142-150.

[28] 彭月兰,毛琦,石凤茜,等.城市低碳交通体系建设与财税政策支持研究[R].太原:山西财经大学,2019.

[29] 崔红莲.转移支付对节能减排的政策效应[D].大连:东北财经大学,2020.

[30] 方海,马武昌,凤振华."十三五"期间交通基础设施建设节能减排潜力研究[J].公路交通科技,2018,14(11):272-276.

[31] 韦鑫美.交通节能减排补贴中的政企博弈研究[D].北京:北京交通大学,2020.

[32] 苏为华.多指标综合评价理论与方法问题研究[D].厦门:厦门大学,2000.

[33] 苗润生.中国各地区综合经济实力评价方法研究[D].北京:中央财经大学,2004.

[34] 刘艳,陈静,吴秀玲,等.江苏省省级交通运输节能减排专项资金项目的企业类型分析及管理对策研究[J].交通运输研究,2016,2(5):24-32.